融合型·新形态教材
复旦学前云平台 fudanxueqian.com

普通高等学校学前教育专业系列教材

幼儿教师自然科学教程

（物理化学一分册）

主　编　王向东
副主编　杨连德　余　红
编　者　余　红　杨连德　郑兴勇　罗智取

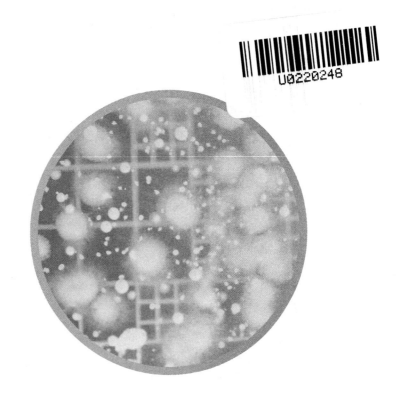

融合型·新形态教材
复旦学前云平台 fudanxueqian.com

复旦大学出版社

内容提要

　　《幼儿教师自然科学教程》物理化学一分册中物理篇主要从身边的力学、生活中的热现象、有趣的光现象等几方面进行详尽的阐述；化学篇重点介绍常见金属的性质与用途、金属饰品的识别与保养、金属的腐蚀与防护、金属的冶炼、非金属族元素及其重要化合物的主要性质，就元素与健康、漂白、消毒、环境污染等自然、生活现象进行阐述。全书内容丰富，图文并茂，将生活常识和物理、化学等科学知识有机结合，使学生在有限的时间内掌握基础知识并加以运用。

　　本书是学前教育专业的文化基础课教材，也是幼教从业人员和广大青少年提高科学素养的读本。

编审委员会

前言

Preface

　　2010 年 7 月 29 日备受关注的《国家中长期教育改革和发展规划纲要（2010—2020 年）》（以下简称《纲要》）正式全文发布。这是中国进入 21 世纪之后的第一个教育规划，是今后一个时期指导全国教育改革和发展的纲领性文件。其中第三章为学前教育的发展规划，为学前教育的发展创造了一个新格局。然而，培养幼儿教师科学素养和科学类教学技能的书籍依然欠缺，很多地方仍然在沿用原有的中师物理、化学、生物、地理教材，严重影响了学前教育事业的发展，制约了学前教育专业人才的培养，与国家的要求不符。

　　基于以上背景，本书认真贯彻《纲要》的精神，编写组人员积极进行调研，借鉴了当今前沿科学著作，吸取了同行优秀成果，总结了编者多年的教学心得，在查阅大量网上资料的基础上编写了本书。本书能够使学生在学前教育专业学习阶段受到良好的科学教育，培养学生的自主学习能力、实践能力和创新能力，提高学生的物理、化学等科学素养和从事幼儿科学教学的能力，满足学生个性发展和社会进步的需要，体现了学前教育最新的研究成果。

　　本书分为第一、第二两个分册，分别供五年制学前教育一、二年级使用，其中第一分册（本书）供一年级使用。全书分物理篇和化学篇，物理篇主要从身边的力学、生活中的热现象、有趣的光现象等几方面进行详尽阐述。化学篇重点介绍常见金属的性质与用途、金属饰品的识别与保养、金属的腐蚀与防护、金属的冶炼；非金属族元素及其重要化合物的主要性质，就元素与健康、漂白、消毒、环境污染等自然、生活现象进行阐述。全书内容丰富，图文并茂，并将生活常识和物理、化学等科学知识有机结合，使学生在有限的时间内掌握基础知识并加以运用。

　　本书从"问题与现象"开始，让学生带着问题学习基础知识部分的相关内容，在此基础上"阅读与扩展"，供学生根据需求选择性学习，再从知识延伸到生活与现象，进行思考与练习，按照从问题提出到知识解读、从现象解释到知识运用的格局编写。全书充分考虑到学前教育的实际，立足于服务社会需要和幼儿教师的职业发展需要，重点突出了知识的基础性和实用性；为了尽量适应读者的需求，编写时注重了知识的综合性和知识运用的趣味性，因此，它既是学前教育专业的文化基础课教材，也是幼教从业人员和广大青少年提高科学素养的读本。

本书由四川省隆昌幼儿师范学校校长王向东主持编写，余红负责审稿，杨连德负责统稿。具体参加编写的人员如下：罗智取（物理篇第一章），郑兴勇（物理篇第二、三章），杨连德（化学篇第四、五、六章）。

本书在编写过程中参阅、借鉴了国内外同行的研究成果，同时参考、借鉴了其他出版社的同类教材，尤其得到了有关专家及复旦大学出版社的鼎力支持，在此一并表示感谢。

由于时间仓促，以及编写力量薄弱，水平有限，对于书中的疏漏与不足之处，恳请各位读者批评指正。

编　者

2013 年 8 月

目录
Contents

目录
Contents

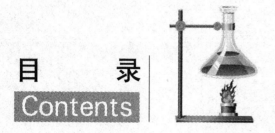

下篇　化学篇

上 篇
Part 1 物理篇

第1章

身边的力学

对自然界现象的观察以及与生产劳动实践经验的结合,让人们开始了对力的认识,在漫长的岁月里人们逐步掌握了有关力的规律,并且利用这些规律服务于人类。时至今日,它对我们的生活产生了巨大影响。无论是人类的行走、自行车的骑行、体育运动中的跳高,还是人类登月、火车头的设计、海上采油平台的建设等,都与力学知识息息相关。对于力的认识与力学规律的掌握应用,最终要服务于我们的生活与工作。

§1.1　物体运动的描述

问题与现象

第一次世界大战期间,一位法国飞行员正在2 000多米高空飞行的时候,发现脸旁边有一个小东西飞过。飞行员以为这是一只小昆虫,顺手把它抓了过来。飞行员一看惊呆了,原来是一颗热乎乎的德国子弹!

基础知识

一、参考系

宇宙中的一切物体都在不停地运动着。要描述一个物体的运动,需要以某个物体作参考。这个被选作参考的物体叫做参考系。如果一个物体相对参考系的位置发生了变化,就表明这个物体相对参考系是运动的;如果一个物体相对参考系的位置没有发生变化,则这个物体相对参考系是静止的。通常,研究地面上物体的运动时,可以选取地面作参考系。

可见,我们所描述的运动是相对运动,即相对于参考系的运动。参考系可以任意选择。同一个物体的运动,如果选取的参考系不同,描述的结果也不同。例如,坐在行驶的汽车里的乘客,如果以车厢为参考系,他是静止的;如果以地面为参考系,他是随车厢一起运动的。所以,要描述物体的运动,必须明确是以什么物体为参考系。在不指明参考系时,通常是以地球为参考系。

二、质点

研究物体的运动,首先要确定物体的位置。物体都有一定的大小和形状,物体的不同部分在空间的位置并不相同。在运动中,物体的各部分的位置变化一般来说也各不相同,所以要详细描述物体的位置及其变化情况并不是一件简单的事情。但是在某些情况下,却可以不考虑物体的大小和形状,从而使问题简化。例如,一列火车由北京开往天津,当讨论火车的运行速度或运行时间这类问题时,由于列车的长度比北京到天津的距离小得多,就可以不考虑列车的长度。再如,当讨论地球的公转时,由于地球的直径比地球到太阳的距离小得多,并且不涉及地球的自转,也可以不考虑地球的大小和形状。在这些情况下,可以把物体看作一个有质量的点,或者说,可以用一个有质量的点来代替整个物体。**用来代替物体的有质量的**

点叫做质点。

一个物体能不能看作质点，要看问题的具体情况而定。在上述火车的例子中，可以把火车看作质点；但是如果研究列车通过某一标志所用的时间，就必须考虑列车的长度，而不能把列车看作质点。研究地球的公转时，可以把地球看作质点，而在研究地球的自转时，就不能忽略地球的大小和形状，当然不能把地球当作质点了。

三、路程和位移

研究物体的运动时，通常要知道物体经过的路程。**路程是物体运动轨迹的长度。**例如，计算从北京运往上海的货物运费时，就要知道火车或汽车从北京到上海运动轨迹的长度。这个轨迹的长度，就是它的路程。

但是，研究物体的运动时，有时更关心运动物体到达的位置与初位置间的直线距离。例如，在测量运动员的跳远成绩时，不是测量他的路程，而是测量起跳点到落地点的距离。研究飞机的航线时，也不研究飞行的路程，而关心飞机到达的位置与起飞点的距离，并且还要知道它的飞行方向。因为如果不知道飞行方向，只知道飞行距离，同样不能确定飞机到达的位置。因此，物理学中引入了位移的概念来表示物体的运动。**从物体的初始位置指向末位置的有向线段，叫做物体的位移。**在国际单位制中，位移的单位是米，符号是 m。如果运动员起跳位置在 A 点，末位置在 B 点，由 A 点指向 B 点的有向线段 AB，就是他跳远的位移（如图 1.1.1）。如果跳远成绩为 5 m，以 1 cm 长的线段表示 1 m 的长度，跳远的位移可以用图中的有向线段 $\overrightarrow{AB}$ 表示。线段的长度代表位移的大小，箭头的方向代表位移的方向。

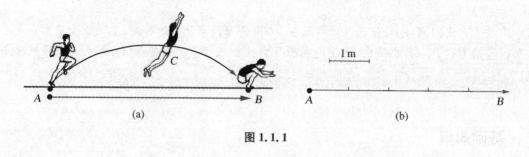

图 1.1.1

四、速度

大家都知道汽车比自行车跑得快，而飞机又比汽车跑得快，到底它们谁运动得更快呢？要说清楚这个问题，必须研究运动快慢的描述方法。

大家都已经知道，物理学中用速度表示运动的快慢。**物体的位移跟发生这一位移所用时间的比值，叫做物体运动的速度**，即

$$v = \frac{s}{t}$$

式中 v 表示质点的速度，s 表示质点的位移，t 表示发生这个位移所用的时间。

在国际单位制中，速度的单位是米每秒，符号是 m/s。常用的单位还有 km/h（千米每时），cm/s（厘米每秒）等。

速度不但有大小，而且有方向。**速度的大小叫做速率。**

实际上，物体的运动速度往往是变化的。例如，火车出站时运动越来越快，进站时运动越来越慢，最后停下来。这种运动叫做变速运动。对于变速运动来说，公式所表示的就是物体的平均速度。

平均速度并不能表示物体在某一时刻或某一位置运动的快慢，所以，瞬时速度是用来描述变速运动的另一种方法。在测定平均速度时，如果所取的位移或时间非常短，在这段位移上物体的运动不会发生很大的变化，那么，这样测出的速度就可以看作物体通过这个位置（位移足够短时可以看作一点）时的速度。

运动物体经过某一时刻的速度,叫做这一时刻(或这一位置)的瞬时速度。

汽车上用速度计来测量瞬时速度,如图 1.1.2 所示。速度计的指针所指示的数值就是这一时刻汽车的瞬时速度。汽车的速度改变时,速度计指示的数值也改变。为了保证交通安全,在公路上要设置限速标志以限制汽车的瞬时速度。如图 1.1.3 所示的标志牌表示汽车的速度不得超过 40 km/h。交通警察可以利用雷达测速器来测量汽车的速度,以监视来往的汽车是否超速行驶。

图 1.1.2

图 1.1.3

有了平均速度和瞬时速度的概念后,就可以说清楚龟兔赛跑故事中到底谁运动得快的问题了。原来,兔子的瞬时速度大,而乌龟在竞赛全程中的平均速度大,所以最后还是乌龟赢了。

 举例应用

我们坐火车旅行时会看到车窗外的树木在往后退,这是因为我们选择了火车作为参考系。

【阅读与扩展】

乌龟和兔子赛跑

在《伊索寓言》里有这样一个故事:乌龟和兔子争论谁跑得快。它们约定了比赛的时间和地点就出发了。兔子自恃比乌龟跑得快,对比赛毫不在意,竟躺在路旁睡觉去了。乌龟知道自己走得慢,一直向前,毫不停歇。最后,乌龟从睡着的兔子身边爬过去,获得了胜利。

图 1.1.4

这个故事告诉我们,持之以恒往往胜过骄傲自大。

读完故事后,我们回过头来看看乌龟和兔子跑得究竟有多快,然后再把它们和其他动物以及人的普通步行速度进行比较。

乌龟每秒爬行 0.02 m,也就是每小时 0.07 km;兔子每秒跑 18 m,每小时高达 65 km,是乌龟的 929 倍!倘若兔子认真跑起来,乌龟哪里是它的对手!假如把人的正常步行速度与行动缓慢的动物(如蜗牛)的速度相比,那才有趣呢!蜗牛确实可以算行动最缓慢的动物:它每秒钟只能够前进 1.5 mm,也就是每小时 5.4 m;人的步行速度是每秒 1.4 m,每小时 5 km,几乎等于蜗牛速度的 1 000 倍!

人与蜗牛和乌龟相比显得十分“敏捷”,但是,假如跟一些行动还不算太快的动物相比,就又当别论。

假如人想跟每秒飞行 5 m 的苍蝇较量，人就只有迅速奔跑起来，才能够追得上飞行的苍蝇。至于想追过每秒钟能跑 18 m 的兔子的话，人即使骑上快马跑(12 m/s)也办不到。如果人想跟老鹰比赛，老鹰的飞行速度是 24 m/s，也就是每小时 86 km，只有借助工具人才能取得胜利：火车每小时 100 km，小汽车每小时 200 km，大型民航飞机每小时 900 km，轻型喷气飞机是每小时 2 000 km！

【思考与练习】

1. 火车运行时，乘客看到车窗外路基旁的树木是向后运动的。为什么？

2. 在无云的夜晚，看到月亮好像停在天空不动；而在有浮云的夜晚，却感到月亮在移动。为什么会有两种不同的感觉？

3. 用位移描述物体的运动比用路程描述有什么优点？一艘货轮从上海港起航，如果知道它经过的路程是 1 000 km，能不能确定它到达的地点？如果知道它的位移呢？

4. 某同学跑 100 m 用了 12.6 s，跑 1 000 m 用了 3 min 22 s，他跑 100 m 和跑 1 000 m 的平均速度各是多大？

5. 判断下面所给的数值指的是平均速度还是指瞬时速度：

(1) 炮弹以 850 m/s 的速度从炮口射出，它在空中以 720 m/s 的速度飞行，最后以 630 m/s 的速度击中目标；

(2) 某列车从北京到天津的速度是 56 km/h，经过某铁路桥时的速度是 36 km/h。

6. 如果兔子以 600 m/min 的速度奔跑，而乌龟以 6 m/min 的速度爬行。试讨论对于 1 500 m 的赛程，兔子在途中最多可以睡多长时间，还能保证赛跑的胜利？

§1.2 物体简单运动的规律

 问题与现象

做变速运动的物体，速度变化的快慢程度不一定相同。例如，一列火车从车站开出，经过几分钟，速度可以从零增大到几米每秒；而射击时，子弹在枪膛中的速度变化却快得多，在几千分之一秒内就能从零增大到几百米每秒。我们在描述物体的运动时，需要描述物体速度变化的快慢。

 基础知识

一、加速度

正像是为了描述位移变化的快慢引入速度的概念，为了描述物体运动速度变化的快慢，引入了加速度的概念。

加速度是表示速度变化快慢的物理量，它等于速度的变化量与发生这一变化所用时间的比值。

加速度通常用字母 a 来表示。如果物体在时间 t 内速度由初速度 v_0 变为末速度 v_t，则物体在这段时间内的加速度 a 可以表示为

$$a = \frac{v_t - v_0}{t}$$

(1)

加速度的单位是由速度的单位和时间的单位决定的。在国际单位制中，速度的单位是 m/s，时间的单

位是 s,加速度的单位就是 m/s²,读作"米每二次方秒"。

由公式(1)可以看出,加速度在数值上等于单位时间内速度的变化。例如,世界著名短跑运动员起跑时的加速度可达 5.6 m/s²,这表示运动员起跑时每秒内速度要增加 5.6 m/s。

二、匀变速直线运动

物体的运动情况往往非常复杂,通常速度的变化并不均匀,因此,加速度也是变化的。意大利物理学家伽利略研究后认为,在相等的时间里速度变化也相等的直线运动,是最简单的变速运动,叫做匀变速直线运动。其中运动越来越快的(加速度为正值)是匀加速直线运动,运动越来越慢的(加速度为负值)是匀减速直线运动。

由公式 $a = \dfrac{v_t - v_0}{t}$ 可推导出

$$v_t = v_0 + at \tag{2}$$

如果位移用 s 表示,位移公式为

$$s = v_0 t + \frac{1}{2}at^2 \tag{3}$$

匀变速直线运动的速度公式(2)和位移公式(3)是匀变速直线运动规律的数学表达式。只要知道物体运动的初速度,可以根据它的加速度和运动时间,求出任何时刻的速度和位移。

三、自由落体运动

高处的物体,在失去其他物体的支持时,都会由静止开始向下降落。如果空气阻力可以忽略,这种运动就称为自由落体运动。

17 世纪初,伽利略做出推断,认为自由落体运动是一种匀加速运动。当时,他无法用实验直接证实这个结论。今天的实验技术已经完全可以做到。

如图 1.2.1 是小球自由下落时的频闪照片,照片上相邻的像是相隔同样的时间拍摄的。从照片可以看出,在相等的时间间隔里,小球下落的位移越来越大,可见小球运动越来越快,在做加速运动。精确的测量可以证明,自由落体运动是初速度为零的匀加速直线运动。

让我们先做一个小实验吧!

先取一张信纸和一张大报纸,将信纸捏成一个很小的纸团,然后将小纸团和摊开的报纸拿到相同的高度,同时松手,你会发现比报纸轻得多的小纸团却先落地。你知道这是什么原因吗? 这是因为摊开的报纸受空气阻力的影响大些,小纸团受空气阻力的影响小些。原来,物体下落的快慢还要受空气阻力的影响,你明白了吗? 跳伞运动员跟着降落伞一起从空中可以徐徐下落,就是因为所受空气阻力大。你现在也一定知道羽毛、树叶比石头下落得慢的原因了吧!

假如没有空气的阻力,那么摊开的报纸、小纸团、小石头、小羽毛从同一高度落下时,都会同时着地。1971 年,美国宇航员在没有空气的月球上让一把很重的铁锤和一根很轻的羽毛一同落下,发现它们真是同时落在月球表面上!

两个轻重不同的铁球能同时着地,是由于它们本身都很重,空气的阻力比它们的重量小得多,不考虑空气阻力的大小,它们几乎可以同时着地。

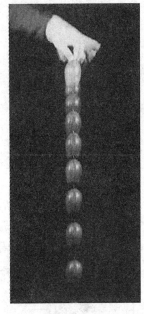

图 1.2.1

 举例应用

例 1　百米运动员在起跑时经过 0.5 s 后速度达到 8 m/s,假定这时他做的是匀加速运动,他起跑的加速度是多大? 他以 10 m/s 的速度冲到终点后,又向前跑了 2 s 才停下来,假定他这时做的是匀减速运动,他的加速度又是多大？

解　由于起跑过程的初速度 $v_0 = 0$，末速度 $v_t = 8$ m/s，时间 $t = 0.5$ s，所以这时的加速度为

$$a = \frac{v_t - v_0}{t} = \frac{8 - 0}{0.5} = 16(\text{m/s}^2)$$

在到达终点后继续向前跑的减速过程中，初速度 $v_0 = 10$ m/s，末速度 $v_t = 0$，所用的时间 $t = 2$ s，所以减速过程的加速度为

$$a = \frac{v_t - v_0}{t} = \frac{0 - 10}{2} = -5(\text{m/s}^2)$$

加速度为负值，表示加速度的方向与初速度的方向相反。

例2　一辆汽车在平直公路上以 25 m/s 的速度匀速行驶，快到十字路口时开始减速，加速度是 -3 m/s²。从减速开始经过 4.2 s 后汽车的速度是多大？

解　由题意可知，已知 v_0、a 和 t，可以从公式 $v_t = v_0 + at$ 求出 v_t。但是必须注意汽车是做匀减速直线运动，加速度 a 是负值。

把 $v_0 = 25$ m/s、$a = -3$ m/s²、$t = 4.2$ s 代入公式(1)，得

$$v_t = v_0 + at = 25 + (-3) \times 4.2 = 12.4(\text{m/s})$$

减速 4.2 s 后，汽车的速度是 12.4 m/s。

例3　以 12 m/s 的速度行驶的汽车，刹车时做匀变速直线运动，加速度是 -6 m/s²，问开始刹车后还要前进多远？

解　先求开始刹车后的运动时间。

由 $v_t = v_0 + at$ 可知

$$t = \frac{v_t - v_0}{a}$$

由题意可知，$a = -6$ m/s²，$v_0 = 12$ m/s，$v_t = 0$。将已知数值代入，得

$$t = \frac{0 - 12}{-6} = 2(\text{s})$$

刹车后的位移为 $s = v_0 t + \frac{1}{2}at^2$，代入数值，得

$$s = 12 \times 2 + \frac{1}{2} \times (-6) \times 2^2 = 12(\text{m})$$

汽车刹车后还要前进 12 m。

运动物体做减速运动时，使速度减小到零是需要一定时间的。因此，汽车刹车后还要前进一段距离才能停下来。汽车司机懂得这个道理，可以避免发生交通事故。汽车刹车后前进的距离与初速度、加速度的大小有关。初速度越大，停下来所需要的时间越长，前进的距离也越长。因此，为了交通安全，需要限制行驶速度。如果刹车性能差，刹车时加速度小（绝对值小），刹车后前进的距离也会较长。

小实验　测量反应时间

战士、司机、飞行员、运动员都需要反应灵敏，当发现某种情况时，能及时采取相应行动。一个人从发现情况到采取相应行动所经过的时间叫做反应时间。这里介绍一种测定反应时间的方法。

请一位同学用手捏住木尺顶端如图 1.2.2 所示，你用一只手在木尺下部作握住木尺的准备，但手的任何部位都不要碰到木尺，当看到那位同学放开手时，你立即握住木尺。测出木尺降落的高度，根据自由落体运动的知识，可以算出你的反应时间。

图 1.2.2

【阅读与扩展】

比萨斜塔上创造的奇迹

图 1.2.3

1590 年,年仅 26 岁的伽利略在比萨斜塔上进行了落体实验。他特意邀请了一些大学教授来观看,许多人也闻讯前来围观。

只见伽利略身带两个铁球,一个重 45.4 kg(100 磅),一个重 0.454 kg(1 磅),他像出征的战士一样,威武地登上塔顶。当他向人们宣布,这一大一小的两个铁球同时下落并将会同时着地,塔下面的人像开了锅似的议论起来:"难道亚里士多德真错了?这是绝对不可能的!""这家伙准是疯了!"……

伽利略听到这些议论和讥笑,坦然自若,他胸有成竹地大声说:"先生们,别忙着下结论,还是让事实说话吧!"说完,他伸开双手,两个铁球同时从塔上落下来,只见它们平行下落,越落越快,最后"啪"的一声,同时落地。面对无可辩驳的实验事实,那些亚里士多德的忠实信徒,一个个瞠目结舌,不知所措,只好灰溜溜地走开了。比萨斜塔实验不但推翻了古代权威的错误学说,结束了它对学术界近两千年的统治,而且开创了近代科学实验的新纪元。

今天,懂一点物理学的人都知道,轻重、大小不同的物体,从同一高度同时自由落下,要是没有空气阻力,它们必定同时着地。但是,在 16 世纪以前,人们都相信古希腊权威亚里士多德的学说。他认为:物体下落的快慢是由物体的重量决定的,物体越重下落越快,比如 10 kg 重的物体下落,要比 1 kg 重的物体快 9 倍。在那个时候,教科书上是这样写的,大学教授也是这样讲的。

不过,还是有人怀疑,伽利略就是其中最著名的一位。他经过认真思考,反复实验,确认"物体越重,下落越快"的学说是错误的。要知道,当时在欧洲人的眼里,除了上帝,只有亚里士多德(古希腊哲学家,公元前 384—前 322)是绝对正确的。谁胆敢反对他,说他的不是,那是大逆不道。勇敢的伽利略坚持真理,义无反顾,决定当众实验,公开向古代权威挑战。

也许大家会说,要是伽利略在斜塔上同时放下一个纸球和一个铁球,那么一定是铁球先落地。的确是如此,当纸球还在空中飘荡时,铁球已经着地。是不是亚里士多德的学说正确呢?

亚里士多德很可能正是从这类现象中得出结论的,但是他被假象迷惑了。事实上,物体在空气中下落,都要受到空气阻力。纸球轻,空气阻力的影响大,不可忽略;铁球重,空气阻力的影响小,可以忽略。如果在真空中进行纸球和铁球同时下落的实验,排除空气阻力的影响,它们一定会同时落地。

【思考与练习】

1. 加速度为零的运动是什么运动?

2. 3 个同学讨论问题:甲同学说,"物体的加速度大,说明物体的速度一定很大。"乙同学说,"物体的加速度大,说明物体速度的变化一定很大。"丙同学说,"物体的加速度大,说明物体的速度一定在很快地变化。"哪个同学说得对?哪个同学说得不对?为什么?

3. 假定小汽车和无轨电车起步时都做匀加速运动,无轨电车的速度在 5 s 内从零增加到 9 m/s,小汽车的速度在 3 s 内从零增加到 13.5 m/s,它们的加速度各是多大?

4. 一辆机车原来的速度是 36 km/h,在一段下坡路上做匀加速直线运动,加速度是 0.2 m/s²,行驶到下坡路末端时速度增加到 54 km/h。求机车通过这段坡路所用的时间。

5. 从车站开出的列车,以 0.05 m/s² 的加速度做匀加速直线运动。需要多少时间列车的速度才能增加到 28.8 km/h?在这段时间里列车前进了多长距离?

6. 一物体在一高楼的顶端从静止开始自由下落,经历了 3 s 落到地面。若空气阻力可忽略不计,求该楼的高度是多少米?

§1.3　惯性现象及应用

 问题与现象

　　一辆奔驰的公交车上坐满了乘客,其中几位是"站客"。由于有人横穿马路,司机紧急刹车,一位小伙子猛地向前倒去,碰上了前面的一位女士。女士一脸不高兴,白了男青年一眼说,"瞧你那德性。"男青年红了脸忙赔不是:"对不起,不是德性是惯性。"一句话竟把女士和其他乘客都给逗乐了。

图 1.3.1

 基础知识

　　远在两千多年以前,人们已经提出了运动和力的关系问题。可是直到伽利略和牛顿的时代,才给出了这个问题的正确答案。

　　17 世纪以前,人们普遍认为力是维持物体运动的原因。用力推车,车子才前进;停止用力,车子就要停下来。亚里士多德根据这类经验事实得出结论:必须有力作用在物体上,物体才能运动,没有力的作用,物体就要静止下来。

　　在亚里士多德以后的两千多年内,动力学一直没有多大进展,直到 17 世纪,意大利的著名物理学家伽利略才根据实验指出,在水平面上运动的物体之所以会停下来,是因为受到摩擦阻力的缘故。设想没有摩擦,一旦物体具有某一速度,物体将保持这个速度继续运动下去。

　　牛顿在伽利略等人工作的基础上,根据自己的研究系统地总结了力学的知识,提出了 3 条运动定律,其中第一条定律如下:

　　一切物体总保持匀速直线运动状态或静止状态,直到有外力迫使它改变这种状态为止。

　　这就是牛顿第一定律。**物体保持原来的匀速直线运动状态或静止状态的性质叫做惯性。**牛顿第一定律又叫做惯性定律。

　　汽车突然开动的时候,车里的乘客会向后倾倒。这是因为汽车已经开始前进,乘客的下半身随车前进,而上半身由于惯性还要保持静止状态的缘故。当汽车突然停止的时候,车里的乘客会向前面倾倒。这是因为汽车已经停止,乘客的下半身随车停止,而上半身由于惯性还要以原来的速度前进的缘故。

　　一切物体都具有惯性。任何静止的物体,如果没有外力作用,都不会自己运动起来;任何运动的物体,如果没有外力作用,都不会自己停止下来。惯性是物体的固有性质。物体的运动并不需要力来维持。

　　物体的惯性对人们有时有利。例如,物体能够抛向前方,靠的就是物体的惯性;驾驶摩托车能越过壕沟,也是利用了惯性。另一方面,惯性也会给人们带来危害。例如,幼儿园里的小朋友在奔跑时,脚碰到障碍物上停止了运动,上身由于惯性还继续向前,于是就会向前跌倒。如果幼儿踩在果皮上向前滑去,上身由于惯性还保持在原来的位置,也会跌倒。游戏场中的大型玩具,由于惯性不能很快停止可能会伤人,要注意防止这类事故。

举例应用

小实验 惯性

(1) 烧杯中装满红色液体,拿在手中的烧杯突然由静止变为运动,观察到杯中液体向后泼出,这说明静止的物体有惯性,液体有惯性;当运动的烧杯突然由运动变为静止,观察到杯停液体前泼,可以得出结论:运动的物体有惯性,液体有惯性。

(2) 在铁架台的横杆上粘4张纸条,间隔为10 cm左右,然后对前端纸条用扇子扇动一下,第一张纸条飘动说明空气运动了;扇子停扇,后面的纸条仍逐一飘动,证明运动的气体继续运动,能够得出结论:气体有惯性。

说明气体有惯性的实验也可以这样做:将一根立在桌面上的蜡烛点燃,将一只空牛奶盒插吸管的口正对烛焰(大约5 cm),用手捏牛奶盒可使烛焰熄灭。

【阅读与扩展】

怎么辨别生蛋和熟蛋

假如要不敲碎蛋壳来判别一个蛋的生熟,应该怎么办呢?力学上的知识能够帮助我们解决这个问题。

这个问题的关键就在于生蛋和熟蛋的旋转情形不同。这就可以用来解决我们的问题。把要判别的蛋放到一只平底盘上,用两只手指使它旋转。这个蛋如果是煮熟的,那么它旋转起来就会比生蛋快得多,而且转的时间更久。而生蛋甚至转动不起来。

这是因为熟透的蛋已经形成一个实心的整体,而生蛋却因为它内部液态的蛋黄和蛋白,不能够立刻旋转起来,惯性作用阻碍了蛋壳的旋转,蛋黄和蛋白在这里起着"刹车"的作用。

生蛋和熟蛋在旋转停止时情形也不同。一个旋转着的熟蛋,只要你用手一捏,就会立刻停止下来,但是生蛋虽然在手碰到时停止了,如果你立刻把手放开,它还要继续略微转动。这仍然是惯性作用在"作怪",蛋壳虽然被阻止,内部的蛋黄和蛋白仍旧在继续旋转。至于熟蛋,里面的蛋黄和蛋白与外面的蛋壳同时停止。

这类实验还可以用另外一种方法进行。把生蛋和熟蛋各用橡皮圈沿它的"子午线"箍紧,分别挂在一条相同的线上。把这两条线各扭转相同的次数后一同放开,立刻就会发现生蛋与熟蛋的区别:熟蛋在转回到它原来的位置以后,因为惯性作用向反方向扭转,然后又退转回来,这样扭转几次,每次的转数逐渐减少。但是生蛋却只来回扭转三四次,熟蛋没有停止时它就早已停下来了,这是因为生蛋的蛋黄和蛋白妨碍了它的旋转运动。

【思考与练习】

1. 足球运动员带球前进,遇到对方运动员铲球时常常会被绊倒。你能解释这种现象吗?

2. 用小棍敲打晾在绳上的毛毯,会使毛毯上的灰尘掉下来。这是为什么?

3. 我国公安交通部门规定,从1993年7月1日起,在各种小型车辆前排乘坐的人必须系好安全带。为什么这样规定?请从物理学的角度加以说明。

§1.4　生活中常见的3种力

问题与现象

苹果为什么会竖直向下落下来？人用力向上跳，不论跳多高，最后还是要落在地面？这都是什么原因呢？

基础知识

一、力

从牛顿第一定律知道，如果物体没有受到力的作用，它的速度大小和方向就都保持不变。可见，如果运动速度发生改变，一定是受到别的物体作用的结果。这种能使运动状态改变的作用，就叫做力。

产生力的作用时，总有两个物体。例如，马拉车，马对车施了力；磁铁吸铁，磁铁对铁施了力。可见，**力是物体对物体的作用。**当一个物体受到力的作用时，一定有另一个物体对它施加这种作用。施加力的作用的物体，叫做施力物体；受到力的作用的物体，叫做受力物体。缺少施力物体或缺少受力物体，都不会有力的作用。

我们在初中学过，力的国际单位制单位是牛顿，简称牛，符号是 N。力不仅有大小，而且有方向。力的大小可以用弹簧秤测量。力的方向可以从它产生的作用来判断，马拉车的力向前，磁铁对铁球的吸引力指向磁铁的磁极。

研究力的问题时，力的大小和方向可以用一条带箭头的线段来表示。线段的长短按照一定的比例来画，表示力的大小，箭头的指向表示力的方向，箭尾或箭头画在力的作用点上。这种表示力的方法，叫做力的图示。如图 1.4.1 表示作用在汽车拖车上的力，方向水平向右，大小是 2 000 N。

力的种类比较多，下面重点介绍重力、弹力和摩擦力。

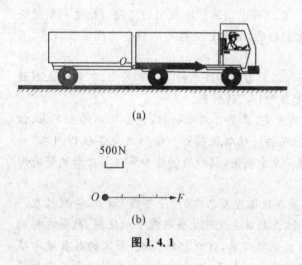

(a)

500N

(b)

图 1.4.1

二、重力

由于地球的吸引而使物体受到的力叫做重力。地球上的一切物体都受到重力。

物体所受重力 G 的大小跟物体的质量 m 成正比，用公式表示为

$$G = mg$$

式中 g 是重力加速度，就是前面讲到的自由落体加速度。

这个关系式表示，质量为 1 kg 的物体受到的重力是 9.8 N。同一物体在地球上不同位置所受的重力并不相同，一般来说，在地球两极受到的重力大，在赤道受到的重力小；平原和高山相比，在平原上受到的

重力大,在高山上受到的重力小。

重力的方向总是竖直向下的。

物体静止时对竖直悬挂它的绳子的拉力或对水平支持物的压力等于物体受到的重力,因此重力可以用弹簧秤测量(如图1.4.2)。

重力的作用可以看作集中在一点,这一点叫做物体的重心。质量分布均匀的物体,如果其形状规则,重心就在它的几何中心上。例如,均匀球体的重心在球心,均匀圆环的重心在环心,均匀直棒的重心在中点。图 1.4.3 表示出几种物体的重心位置。

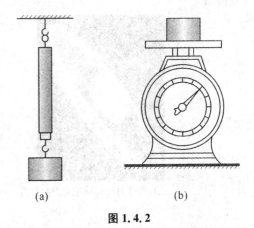

图 1.4.2

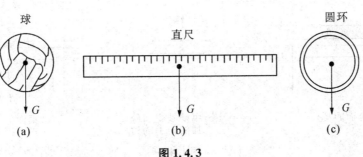

图 1.4.3

三、弹力

物体在力的作用下会改变形状。例如,竹竿受力会变弯(如图1.4.4(a)),弹簧受力会伸长或缩短(如图 1.4.4(b))。物体形状的改变叫做形变。发生了形变的物体,在一定限度内,当外力消失后,仍能恢复原来的形状。这种能恢复原状的形变,叫做弹性形变。这个限度叫做弹性限度。超过了弹性限度,发生形变的物体就不能再恢复原状。

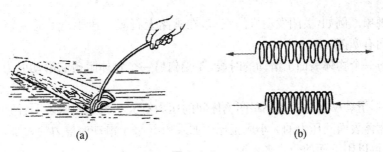

图 1.4.4

用手拉弹簧,使弹簧伸长,手会感到弹簧对手有拉力;用手压弹簧,使弹簧缩短,手会感到弹簧对手有压力。**发生弹性形变的物体由于要恢复原状而对阻碍它的物体产生力的作用,这种力叫做弹力。**

任何物体发生弹性形变时都要产生弹力,不过物体的形变通常很小,不容易被察觉。用网球拍击球时,拍网和球都发生弹性形变(如图1.4.5(a))。拍网发生弹性形变,对网球产生弹力(如图1.4.5(b));同时,球也发生形变,对拍网也产生弹力(如图1.4.5(c))。放在桌面上的书,压在桌面上,使桌面发生微小形变(如图1.4.6(a))。发生形变的桌面对书产生向上的弹力,这就是桌面对书的支持力 F_N(如图1.4.6(b));桌面受到书所施加的向下的力(如图1.4.6(c)),可见,弹力发生在互相接触、并发生了弹性形变的物体之间。弹力的方向总是跟物体间的接触面垂直。

我们知道,弹力的大小与物体的材料和形变的大小有关。在弹性限度内,形变越大,弹力也越大。例如,射箭时,弓拉得越满,形变越大,弹力也越大,箭就射得越远。

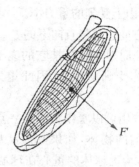

(a) 击球时球和球拍都发生形变　　(b) 拍网对球有弹力的作用　　(c) 球对球拍有弹力的作用

图 1.4.5

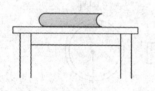

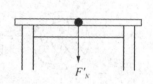

(a) 书和桌面的形
变不易观察　　　(b) 书受到桌面施
加的向上的力　　　(c) 桌面受到书所施
加的向下的力

图 1.4.6

实验表明,在弹性限度内,弹力的大小与物体的形变的大小成正比。这就是胡克定律。这个规律是英国物理学家胡克(1635—1703)在 1660 年发现的。超过了弹性限度,弹力就不再与形变的大小成正比,而且物体也不能再恢复原状。

弹簧秤是根据胡克定律制成的,每个弹簧秤都有一定的称量范围,不能用来称量过重的物体,这就是为了防止超过它的弹性限度。

四、摩擦力

摩擦是常见的现象。例如,关闭发动机的汽车,在马路上行驶一段距离后总要停下来,原因之一就是汽车轮胎和马路之间有摩擦。

当一个物体在另一个物体表面上滑动的时候,要受到另一个物体阻碍它滑动的力,这种力叫做滑动摩擦力。

我们在初中学过,滑动摩擦力的大小跟两物体间的压力有关。大量实验表明:两个物体间的滑动摩擦力的大小跟这两个物体表面间压力的大小成正比。如果用 F 表示滑动摩擦力的大小,用 F_N 表示压力的大小,二者之间的关系可以用下面的公式来表示:

$$F = \mu F_N$$

式中的 μ 是比例常数,叫做动摩擦因数,它的大小跟相互接触的材料有关,还跟接触面的光滑程度有关。几种材料间的动摩擦因数如表 1.4.1 所示。在压力相同的情况下,滑动摩擦力的大小取决于材料间的动摩擦因数的大小。

表 1.4.1　几种材料间的动摩擦因数

材料	动摩擦因数	材料	动摩擦因数
钢—冰	0.02	皮革—铸铁	0.28
木头—冰	0.03	木—木	0.30
木—金属	0.20	橡皮轮胎—路面(干)	0.71
钢—钢	0.25		

物体所受滑动摩擦力的方向总是跟它发生滑动的方向相反，图 1.4.7 表示在地面上滑动的木块受到滑动摩擦力。

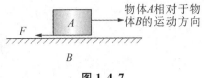

图 1.4.7

在日常生活中，有时会遇到这种情况：用力推箱子，但箱子没有被推动，箱子和地面间虽然有相对运动的趋势，但仍然保持静止。我们可以用实验进行模拟：在桌面上放一个木块，用弹簧秤去拉它（如图 1.4.8(a)）。当拉力比较小时，木块和桌面间虽然有相对运动的趋势，但仍静止不动。从初中学过的二力平衡的条件可以知道，这时木块一定还受到一个跟拉力大小相等、方向相反的力，这个力就是桌面对木块的摩擦力 F'。这种作用在有相对运动趋势但仍保持相对静止的物体上的摩擦力，叫做静摩擦力。

逐渐增大对木块的拉力 F，如果木块仍旧保持不动，说明静摩擦力 F' 仍然跟拉力保持平衡（如图 1.4.8(b)）。由此推知，静摩擦力的大小随着外力的增大而增大，随着外力的减小而减小。当拉力增大到一定值时，静摩擦力不再随之增大，木块开始滑动。这表明静摩擦力不能无限制增大，而是有一个最大值。达到最大值的静摩擦力，叫做最大静摩擦力。静摩擦力的方向总是跟物体间相对运动趋势的方向相反。

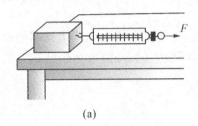

(a)

物体对桌面的运动趋势

(b)

图 1.4.8

 举例应用

摩擦力的作用随处可见。例如，许多车辆采用摩擦达到减速的目的，这利用了摩擦力对物体相对运动的阻碍作用。手能拿住瓶子不滑落，织成布的纱线不散开，都是静摩擦力的作用。在粮库、码头安装的皮带运输机上，使用摩擦因数较大的橡胶皮带来传送货物，是通过货物和传送皮带间的静摩擦力来工作的（如图 1.4.9）。

注意观察一下，在日常生产和生活中，哪些摩擦是有利的，哪些摩擦是有害的？人们用什么方法来增大有利的摩擦？用什么方法来减小有害的摩擦？

图 1.4.9

【思考与练习】

1. 怎样用图示法表示力？
2. 重力的大小和质量有什么关系？
3. 弹簧的弹力和弹簧的伸长有什么关系？
4. 滑动摩擦力的大小和什么因素有关？滑动摩擦力沿什么方向？

§1.5 风对射箭的影响

问题与现象

假设有个射箭选手在刮着大风的天气里依然只是正对着靶心射箭,那他还能射准靶心吗?

基础知识

一辆车可以由一个人来推,也可以由两个或几个人共同拉,就是说,作用在车上的力可以是一个,也可以是几个。如果某一个力作用在车上时,车的运动情况跟几个力作用时完全相同,我们就说这一个力的作用效果与几个力的作用效果相同。

如果一个力作用在物体上产生的效果与几个力共同作用的效果相同,这个力就叫做那几个力的合力,而那几个力就叫做这个力的分力。求几个已知力的合力,叫做力的合成;求一个已知力的分力,叫做力的分解。

一、一条直线上的力的合成

当两个力沿一条直线作用时,求它们的合力比较简单。

从实验知道,如果两个力的方向相同,合力的大小等于两个分力大小之和,合力的方向跟两个分力的方向相同(如图1.5.1(a));如果两个力的方向相反,合力的大小等于两个分力的大小之差,合力的方向跟分力中数值较大的那个分力的方向相同(如图1.5.1(b))。

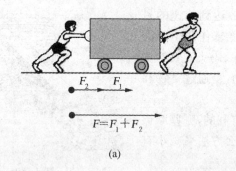
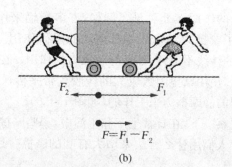

$$F = F_1 + F_2$$

(a)

$$F = F_1 - F_2$$

(b)

图1.5.1

二、互成角度的力的合成

如果两个力互成一定角度,怎样确定它们合力的大小和方向呢?

通过实验可以证明,互成角度的两个力的合力,能够用平行四边形定则得出:**以表示这两个力的有向线段为邻边作平行四边形,经过这两条有向线段的交点的对角线就代表这两个力的合力**(如图1.5.2)。

平行四边形定则不仅是力的合成法则,也是一切有方向的量的合成法则,对位移、速度等都适用。

根据平行四边形定则,在知道合力以及分力方向的情况下,也可以进行力的分解,即求出分力的大小。

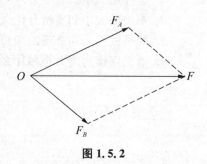

图1.5.2

许多情况下分力的方向是可以判定的。例如,如图 1.5.3 所示,把两条互成角度的绳子挂起来,物体对绳子产生拉力 F(F 的大小等于物体所受的重力 G),F 作用的效果是使两根绳子被拉长。由此知道,沿着两绳伸长的方向有两个力 F_A 和 F_B,F_A 和 F_B 就是力 F 的两个分力。根据平行四边形定则,按一定比例作图,就可以求出这两个分力的大小,如图 1.5.3(b)所示。

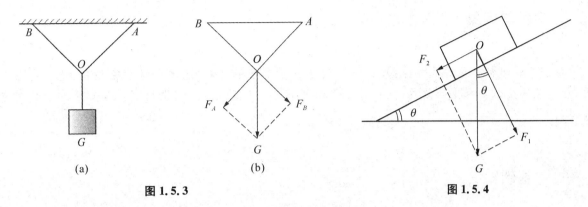

图 1.5.3　　　　　　　　　　　　　　　　　　图 1.5.4

又如,如图 1.5.4 所示,把物体放在斜面上,这时作用在物体上的重力产生两个作用:一个是物体压迫斜面使它发生微小形变,另一个作用是使物体沿斜面方向向下滑动。可见,重力 G 的两个分力一个在垂直于斜面的方向,另一个在平行于斜面的方向。因此,从物体的重心 O 按一定的比例画出重力 G,根据平行四边形定则,就可以求出两个分力 F_1 和 F_2。两个分力的大小,可以用尺在图上量出,也可以计算求解。如图 1.5.5 所示,当斜面的倾角是 θ 时,

$$F_1 = G\cos\theta, \qquad F_2 = G\sin\theta$$

当倾角 θ 增大时,物体对斜面的压力 F_1 减小,使物体沿斜面的下滑的力 F_2 增大。

回答本节开始提出的问题,在刮风的日子里,射箭选手们在竞技场需要灵活运用力的合成进行比赛。因为射箭选手们比其他任何人都要清楚,往前飞的箭不仅受到了弓箭本身往前的弹射力,还要受到风的影响。

 举例应用

小实验　小同学拉动大同学

力气小的同学跟任何一个力气大的同学拔河比赛时,都拉不动大同学。但是,换个做法就不同了:让两名大同学分别紧紧拉住一根长绳子的两端,一名小同学用力沿着与绳子垂直的方向推或拉绳子的中点,这两名大同学就会被绳子拉动。

讨论一下,这是为什么?

【思考与练习】

1. 两个人共同提一桶水,要想省力,两人拉力间的夹角应该大些还是小些? 为什么? 你能用橡皮筋做个简单实验来证明你的结论吗?

2. 下面的说法哪个对?

(1) 合力一定比分力大;

(2) 合力一定比分力小;

(3) 合力可以比分力大,也可以比分力小。

3. 能不能用一个较小的力产生两个较大的分力? 怎样做? 试举一个例子。

§1.6 力和运动的定量关系

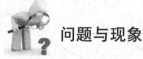
问题与现象

> 我们小时候都有这样的体会：从比较陡的滑梯上下滑的时候，速度会增加得很快，感觉有点害怕；但是从不陡的滑梯上下滑的时候，速度增加得慢，一点害怕的感觉也没有。你知道这是什么道理吗？

基础知识

由牛顿第一定律可以知道，维持物体的运动状态不变并不需要力，改变运动状态才需要力，或者说，力是使物体产生加速度的原因。那么，物体产生的加速度与它受到的力有什么关系呢？此外，加速度的大小还与什么因素相关呢？

我们有些生活经验，例如推小车时，如果用的力大，小车在短时间内就能从静止达到较大的速度，也就是产生较大的加速度；如果用的力小，产生的加速度就小。这表明，物体受到的力越大，物体的加速度也就越大，并且，静止的小车受到哪个方向的力，它就向哪个方向加速运动，这说明加速度的方向与力的方向相同。

如果用同样的力推两辆不同的车，一辆是空车，质量小，另一辆装满了东西，质量大，我们就会知道，质量小的车产生的加速度大，质量大的车产生的加速度小。可见，物体产生的加速度还与它的质量有关系。

经过大量实验可得：**物体的加速度与所受的作用力成正比，与它的质量成反比。这就是牛顿第二定律。**

用 F、a 和 m 分别表示力、加速度和质量，牛顿第二定律可表示为

$$a = \frac{F}{m} \quad 或 \quad F = ma$$

在国际单位制中，质量的单位是千克（kg），加速度的单位是米每二次方秒（m/s²），力的单位是牛顿（N）。

牛顿第二定律指明了运动和力的关系。分析运动现象时，首先要分析它所受的力。当物体不受力的作用或所受的合力等于零时，物体就由于惯性而保持静止或做匀速直线运动；当物体所受的合力不等于零时，它就要在合力的方向上产生加速，加速度的大小为 $a = \frac{F}{m}$。对于一定质量的物体，当力不变时，加速度也不变；力发生变化时，加速度也随之变化。

如果相同的力作用在质量不同的物体上，根据牛顿第二定律可知，产生的加速度与物体的质量成反比，即质量大的物体产生的加速度小，质量小的物体产生的加速度大。这就是说，质量大的物体不容易改变它的运动状态，它保持原有运动状态的惯性大。可见，物体质量的大小，能够表示物体惯性的大小，或者说，质量是物体惯性大小的量度。

举例应用

例1 一辆装满货物的汽车，总质量是 $6×10^3$ kg，牵引力大小不变，为 $2.4×10^3$ N，从静止开始运动。如果阻力可以忽略，20 s 后的速度是多大？

解 由于汽车的牵引力不变,汽车做匀加速直线运动。根据牛顿第二定律,从汽车的牵引力和它的总质量可以求出加速度。再根据匀变速直线运动的速度公式和位移公式,就可以求出它在 20 s 后的速度。

由 $F = ma$ 得汽车的加速度

$$a = \frac{F}{m} = \frac{2.4 \times 10^3\ \text{N}}{6 \times 10^3\ \text{kg}} = 0.4\ \text{m/s}^2$$

于是汽车在 20 s 末的速度

$$v = at = 0.4\ \text{m/s}^2 \times 20\ \text{s} = 8\ \text{m/s}$$

所以,汽车在 20 s 后的速度是 8 m/s。

例 2 在公路上以 80 N 的力推手推车时,手推车匀速前进,以 120 N 的力推它时,手推车产生 0.1 m/s² 的加速度。求手推车的质量。

解 以 80 N 的力推手推车,手推车匀速前进,这表明此时手推车的运动受到了阻力,阻力的大小是 80 N。以 120 N 的力推它时,可以认为手推车受到的阻力仍然是 80 N,于是合力就是 120 N 和 80 N 的差。知道了合力,根据牛顿第二定律,可以求出手推车的质量:

$$m = \frac{F}{a} = \frac{(120 - 80)\ \text{N}}{0.1\ \text{m/s}^2} = 400\ \text{kg}$$

牛顿第二定律的应用很广泛。当要求物体能够灵活迅速地改变运动状态时,人们总是尽量减小物体的质量或增大对物体的作用力。例如,歼击机的质量要比运输机、轰炸机小得多,在战斗前还要抛掉副油箱以进一步减小质量,就是为了提高歼击机的灵活性,在空战中能出其不意地冲向敌机。

反过来,当要求物体的运动状态尽可能稳定时,人们总是尽量增大物体的质量。例如,电动抽水站的电动机和水泵都固定在很重的机座上,就是要增大它们的质量,使加速度小到可以忽略的程度,从而减小它们的振动或避免因意外的碰撞而移动。

小实验 哪种情况棉线容易断?

找一个透明干净的塑料瓶子,在瓶子里倒入适当的干沙子(最好是铁砂),手拽棉线一端将瓶子慢慢提起时刚好把棉线拉断。倒出瓶里少量的沙子,再用同样的细棉线将瓶子系好。当慢慢地提起瓶子时,棉线不断,可是当用力猛地提起瓶子时,棉线却断了。

这是为什么呢?比较两次提瓶子的快慢,就会得出:第一次慢慢提起,加速度小,用力不大,棉线能承受住拉力;第二次猛地提起,瓶子在很短的时间内速度改变很大,即产生很大的加速度,就需要很大的拉力,拉力超过棉线能承受的限度时棉线就断了。这也是起重机吊起重物时不宜过快的原因。

【思考与练习】

1. 假若摩擦阻力可以忽略,小球在斜面上向下的运动是匀速运动还是匀加速运动?它滚到平面上以后又将做什么运动?为什么?

2. 一个物体受到 10 N 的力作用时,产生的加速度是 4 m/s²。如果要产生 6 m/s² 的加速度的话,需要施加多大的力?

3. 滑冰运动员的质量是 50 kg,停止蹬冰后以 10 m/s 的速度开始在冰面上滑行。如果运动员受到的阻力是 30 N,他的加速度是多大?能滑行多远?

§1.7 火箭靠反作用力飞行

问题与现象

大家都看到电视上"神州 10 号"火箭把我国的 3 名航天员送上了太空,但是,你知道火箭飞行的原理吗?

基础知识

如果你穿着布鞋,用脚尖猛踢足球,脚对球的作用力会使球飞向远处,但也使你的脚尖疼得不敢着地。用手拉弹簧,弹簧受到手的拉力,手也受到弹簧的拉力。在平静的湖面上,如果人在一只船上用力推另一只船,在另一只船受到推力远离的同时,自己的船也会向相反的方向运动(如图 1.7.1)。滑过冰的同学可能经验更多,穿着旱冰鞋的两个同学,不论谁推谁,两个人都同时被推动(如图 1.7.2)。

图 1.7.1

图 1.7.2

观察和实验表明,在两个物体之间,力的作用总是相互的。一个物体对另一个物体有力作用,另一个物体一定同时对这个物体也有力的作用。两个物体间相互作用的这一对力,叫做作用力和反作用力。我们可以把其中的任何一个力叫做作用力,而另一个力就叫做反作用力。

作用力和反作用力之间存在什么关系呢? 请同学们自己做实验研究。

两个同学一组,用两个弹簧秤分别做如图 1.7.3(a)所示的实验,每次实验可以改变拉力的大小,同时观察两个弹簧秤的示数。具体如下:

①A 主动拉 B;②B 主动拉 A;③A、B 对拉;④把一个弹簧秤固定,用力拉另一个弹簧秤(如图 1.7.3(b))。

(a)   (b)

图 1.7.3

从实验中可以看到,不论哪一种情况,两个弹簧秤的示数总是同时出现,同时消失,并且示数相同。这表明,弹簧秤 A 拉弹簧秤 B 的同时,弹簧秤 B 也拉弹簧秤 A。这两个力分别作用在两个物体上,总是同时出现、同时消失,并且大小相等。再注意一下这两个力的方向是相反的,而且作用在一条直线上。

　　大量实验表明:**物体之间的作用力和反作用力的大小相等、方向相反,作用在一条直线上,这就是牛顿第三定律。**

　　为了方便,常常用 F 表示作用力,用 F' 表示反作用力,于是,这两个力的关系可表示为

$$F = -F'$$

式中的负号表示它们的方向相反。

　　牛顿第三定律在实际中应用很广。人走路时用脚蹬地,脚对地面施加一个向后的作用力,地面同时也给人一个大小相等的向前的反作用力,使人前进。轮船的发动机带动螺旋桨高速旋转时,螺旋桨对水施加一个向后的作用力,水同时也给船一个大小相等的向前的反作用力,使船前进。

　　回答本节开始提出的问题,火箭飞行的原因是靠其内部的燃料猛烈燃烧所产生的气体,很快从火箭尾部喷出去,这些气体对火箭产生了反作用力,火箭靠着这股强大的反作用力就飞上天空。

举例应用

小实验　自动旋转的纸盒

实验思考:装满水的纸盒为什么会转动?

实验准备:空的牛奶盒,钉子,60 cm 长的绳子,水槽,水。

实验操作:

(1) 用钉子在空牛奶盒上扎 5 个孔;

(2) 一个孔在纸盒顶部的中间,另外 4 个孔在纸盒 4 个侧面的左下角;

(3) 将一根大约 60 cm 长的绳子系在顶部的孔上;

(4) 将纸盒放在盘子上,打开纸盒口,快速地将纸盒灌满水;

(5) 用手提起纸盒顶部的绳子,纸盒顺时针旋转。

实验中的科学:水流产生大小相等而方向相反的力,纸盒的 4 个角均受到这个推力。由于这个力作用在每个侧面的左下角,所以纸盒按顺时针方向旋转。

动手试试:

(1) 如果在每个侧面的中心扎孔,纸盒会怎样旋转?

(2) 如果孔位于每个侧面的右下角,纸盒将向哪个方向旋转?

【阅读与扩展】

关羽和张飞比力气

　　话说三国时期,刘备、关羽、张飞"桃园三结义"后,张飞对自己排在关羽的后面总感到不服气。有一天,兄弟三人饮酒聚会,张飞喝了不少酒,趁着酒劲提出要与关羽比力气,想出出心头的这口气。

　　他提出:谁能把自己提起来,谁的力气就大。说罢,他用双手紧抓自己的头发,使劲向上提。尽管他使出了最大的力气,憋得满脸通红,甚至把头发都快拔下来,但还是不能使自己离开地面。最后他气呼呼地坐到自己的椅子上。

　　关羽想了一下,找来一根绳子,把绳子的一端拴在自己腰上,另一端跨过一个树杈,双手使劲向下拉,结果身体慢慢离开地面。关羽赢了这场比赛。

张飞为什么失败呢？让我们作一个受力分析，张飞用手向上拉自己的头发，手给头发一个向上的力，但头发同时也给手一个向下的反作用力，这两个力大小相等，方向相反，都是作用在张飞自己身上，所以谁都不能用这种方法把自己的身体提起来。关羽因为把绳子跨过树杈，通过树杈使他的身体受到向上的力的作用，因此能把自己提起离开地面。

【思考与练习】

1. 挂在绳子下端的物体处于静止状态，有的同学认为这是因为绳子向上拉物体的力跟物体向下拉绳子的力大小相等，方向相反，这种看法对吗？为什么？

2. 用牛顿第三定律判断下列说法是否正确：

(1) 人走路时，只有地对脚的反作用力大于脚蹬地的作用力时，人才能前进；

(2) 只有站在地上不动，你对地面的压力和地面对你的支持力才大小相等、方向相反；

(3) 以卵击石，石头没有损伤而卵被击破，是因为卵对石头的作用力小于石头对卵的作用力；

(4) 物体 A 静止在物体 B 上，A 的质量是 B 的质量的 100 倍，所以 A 作用于 B 的力大于 B 作用于 A 的力。

3. 如图 1.7.4 所示(a)和(b)两种情况，弹簧秤的读数各是多少？做实验证明你的答案是否正确。

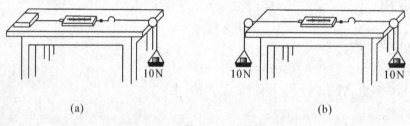

(a)   (b)

图 1.7.4

4. 静止在水平桌面上的物体受到两个力的作用。这两个力的反作用力各作用在什么物体上？在这 4 个力中，哪两个力是作用力和反作用力？哪两个力是相互平衡的力？

5. 有人认为，既然作用力和反作用力总是大小相等，方向相反，作用在一条直线上，这两个力就是相互平衡的力。这种说法对不对？如果不对，错在哪里？说明理由。

§1.8 投出的篮球

问题与现象

在体育活动投掷铅球时，怎样才能把铅球投掷得更远？不少同学认为，只要力气大，投掷速度大就可以了。其实这只答对了条件的一部分，另一部分条件是什么呢？

基础知识

投出的篮球、扔出的石块、射出的炮弹，它们的运动都是抛体运动。下面先来看一看抛体运动的特点。

第一，在忽略空气阻力的情况下，抛体在空中运动时只受重力的作用。由牛顿第二定律可以知道，在只受重力的作用时,物体的加速度是重力加速度,所以,它们的运动是变速运动,而且加速度的大小和方向都是不变的。

第二,抛体的初速度不等于零。如果初速度的方向是竖直向上或向下的,就是竖直上抛运动或竖直下抛运动,运动轨迹是直线。如果初速度是水平的,就叫做平抛运动;如果初速度的方向既不是竖直的也不是水平的,就叫做斜抛运动。平抛运动和斜抛运动的轨迹是曲线。下面我们来研究分析这种曲线运动的规律。

一、平抛运动

水平投掷小石子、水平水管喷射出来的水和从水平桌面上弹出去的小球都是平抛运动。由牛顿第二定律可知,运动物体的加速度方向与它受力的方向相同。做平抛运动的物体只受重力作用,在竖直方向又没有初速度,所以它在竖直方向的运动情况应该与自由落体相同。如果让两个物体从同一位置分别做自由落体运动和平抛运动,经过相同的时间,它们落下的距离也应该相同。

我们用如图 1.8.1 所示的实验装置来检验上述判断。有两个完全相同的小球 A 和 B,B 球被一个弹性金属片紧紧夹住,A 球放在金属片的前方。当用小锤打击金属片时,金属片把 A 球水平弹出,同时放开 B 球,使其自由下落,这样,两个小球从同一高度、同时开始运动,一个做平抛运动,另一个做自由落体运动。打击金属片所用的力越大,A 球的水平速度也越大,它飞出的水平距离就越远。但是,实验表明,无论 A 球的初速度大小如何,它总是与 B 球同时落地。这说明做平抛运动的物体在竖直方向上的运动规律与自由落体运动相同。

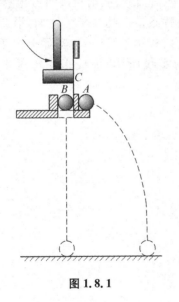

图 1.8.1

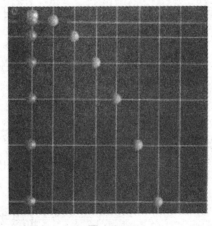

图 1.8.2

我们还可以用频闪照相的方法更精确地研究平抛运动,如图 1.8.2 所示是实验所拍的频闪照片。可以看出,尽管两个球在水平方向上的运动不同,但它们在竖直方向上的运动是相同的。经过相等的时间,它们下落相同的高度。另外还可以看出,在水平方向上,A 球在相等的时间里通过的距离相等,这表明它在水平方向的运动是匀速直线运动。

通过上面的分析可以得出,平抛运动可以在竖直和水平两个方向上分别研究。也就是说,把平抛运动看作水平方向的匀速运动和竖直方向的自由落体运动的合运动。根据这个规律,只要知道平抛物体的抛出点高度和水平初速度,就可以知道它在空中运动的轨迹。

二、斜抛运动

投出的标枪、大炮发射的炮弹、救火龙头里喷出来的水都作斜抛运动。斜抛运动也可以看作两个运动的合运动,一个是物体由于惯性沿初速度方向斜着向上的匀速运动,另一个是在重力作用下在竖直方向产生的自由落体运动。

我们可以用喷出的水流代替斜抛物体,来检查上述分析是否正确,如图 1.8.3 所示,事先测出水流的初速度 v_0,根据初速度 v_0 值按上述方法画出它的轨迹,再看实际喷出的水流跟所画的轨迹是否重合。

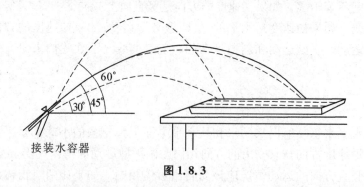

接装水容器

图 1.8.3

通过上面的实验可以发现,在抛射角不变的情况下,水流的初速度越大,射程(它的水平距离通常叫做射程)也就越远;在水流的初速度不变的情况下;射程随抛射角而变化,抛射角等于 45° 时射程最大。

 举例应用

在上面关于平抛和斜抛的研究中没有考虑空气阻力的影响,它们的运动轨迹叫做抛物线。实际上,当抛体的速度较大时,空气阻力的影响很大,这时抛体的轨迹就不是抛物线了。例如,沿 20° 的抛射角,以 600 m/s 的初速度射出的炮弹,如果不计空气阻力,其理论射程可达 24 km,实际上由于空气阻力的影响,实际射程只有 7 km。它的运动轨迹如图 1.8.4 中的实线所示,虚线是不考虑空气阻力时的轨迹。

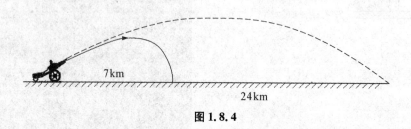

7km

24km

图 1.8.4

【思考与练习】

1. 分析一些实例,说明在什么条件下物体的运动轨迹是直线?在什么条件下物体的运动轨迹是曲线?

2. 平抛物体的射程跟哪些因素有关?两个小球的水平初速度相同,一个抛出点离地面较高,另一个离地面较低,哪个落地点的距离更远?为什么?

3. 斜抛运动的射程跟哪些因素有关?

4. 高处挂着一只玩具布猴,用弹簧枪瞄准它射击,如图 1.8.5 所示。如果子弹射出时,布猴恰好开始自由下落,子弹能打中它吗?为什么?

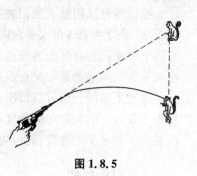

图 1.8.5

§1.9　汽车拐弯的奥秘

问题与现象

　　如果你会骑自行车,你一定知道当自行车在直路上行驶的时候,人要把车子摆正;当自行车急速转弯的时候,不仅要改变车把的方向,而且人和车身最好都要适当地向弯道里侧倾斜。为什么要这样做呢?

图 1.9.1

基础知识

　　物体沿着圆周的运动是一种常见的曲线运动。例如,转动的车轮、走动的表针各点的运动、儿童游乐场中转椅的运动、月球绕地球的运动及物体拐弯的运动,都属于圆周运动。在圆周运动中,最简单的是匀速圆周运动。做圆周运动的物体,如果在相等的时间间隔内通过的弧长都相等,这种运动就叫做匀速圆周运动。电风扇转动时,叶片上每一点的运动都是匀速圆周运动,地球和其他行星绕太阳公转的轨道形状和圆十分接近,所以能够粗略地认为行星以太阳为圆心做匀速圆周运动。

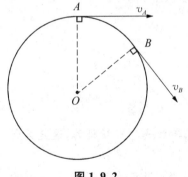

图 1.9.2

　　匀速圆周运动的快慢,可以用线速度来描述。做匀速圆周运动的物体通过的弧长 s 与所用时间 t 的比值,可以用来描述运动的快慢,这个比值叫做物体的线速度,用公式表示为

$$v = \frac{s}{t}$$

　　线速度的方向在圆周的切线方向,如图 1.9.2 所示。

一、向心力

　　把小球拴在绳的一端,手持绳的另一端抡起来,小球就做圆周运动,如图 1.9.3 所示。这时你一定会感到手在用力拉绳子,手通过绳子对小球有一个拉力,这个拉力的方向虽然在不断变化,但总是沿着绳指向圆心,手这个拉力就是向心力。

　　实验表明,向心力的大小跟物体的质量 m、圆周半径 r 和线速度 v 都有关系。可以证明,匀速圆周运动所需向心力的大小为

$$F = \frac{mv^2}{r}$$

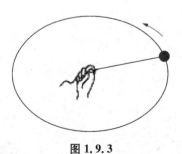

图 1.9.3

二、向心加速度

做匀速圆周运动的物体,在向心力 F 的作用下必然要产生一个加速度,这个加速度的方向与向心力的方向相同且总指向圆心,叫做向心加速度。根据牛顿第二定律 $F = ma$ 和向心力 $F = \dfrac{mv^2}{r}$,可知向心加速度 a 的大小为

$$a = \frac{v^2}{r}$$

 举例应用

例 火车拐弯时沿着圆弧形轨道做匀速圆周运动,铁道建设标准规定,火车通过弯道时的向心加速度不得超过 $0.6\ \text{m/s}^2$,否则会有脱轨的危险。有一段铁路弯道,半径是 $375\ \text{m}$,火车通过这段弯道时,速度不能超过多少? 如果一列火车的质量是 $500\ \text{t}$,以允许的最大速度通过这段弯道时,受到的向心力是多大?

解 已知最大向心加速度 $a = 0.6\ \text{m/s}^2$, $r = 375\ \text{m}$,根据 $a = \dfrac{v^2}{r}$ 可知,允许的最大速度为

$$v = \sqrt{ar} = \sqrt{0.6 \times 0.375}\ \text{m/s} = 15\ \text{m/s} = 54\ \text{km/h}$$

又知火车的质量 $m = 500\ \text{t} = 5.0 \times 10^5\ \text{kg}$,所以向心力为

$$F = \frac{mv^2}{r} = \frac{5.0 \times 10^5 \times 15^2}{375}\ \text{N} = 3.0 \times 10^5\ \text{N}$$

这道例题中已经给出了最大向心加速度 a 的值,因此也可以直接从牛顿第二定律 $F = ma$ 求出向心力,两种方法的结果相同。

 【阅读与扩展】

铁路转弯处外轨为什么比内轨高?

如果注意观察就会发现,铁路弯道的外轨比内轨高,列车行驶到这里时车厢是向里倾斜的,这是为什么? 原来,这是为了给火车提供转弯所需要的向心力。

从图 1.9.4 可以看出,外轨适当升高后,路基对于车厢的支持力 F_N 是垂直于路面向里倾斜的,支持力 F_N 和车厢的重力 G (方向竖直向下)的合力 F 沿水平方向指向弧形轨道的圆心,这个力就是使火车转弯的向心力,因而能使火车顺利地通过弯道。

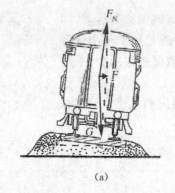

(a)   (b)

图 1.9.4

【思考与练习】

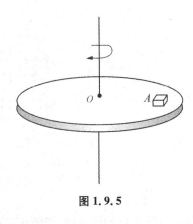

1. 观察日常见到的圆周运动现象,分析一下它们的向心力是怎样产生的。

2. 半径为 10 cm 的砂轮,每 0.2 s 转一圈。砂轮边缘上的某一质点,它的线速度的大小是多少? 砂轮上离轴不同距离的质点,它们的线速度是否相同?

3. 一个圆盘可以绕着通过圆盘中心 O 且垂直于盘面的竖直轴转动,在圆盘上放置一个小木块 A,它随圆盘一起运动,如图 1.9.5 所示。问: 木块受到几个力的作用? 方向如何? 木块所受的向心力是由什么力提供的?

4. 做圆周运动的物体,如果它的线速度不变,半径 r 增大一倍,向心力怎样变化?

图 1. 9. 5

§1.10　甩干衣服上的水分

问题与现象

不少同学使用过双缸洗衣机,都知道洗衣缸把衣物洗好后,脱水缸能把衣物甩干,又快又省劲。可你知道洗衣机为什么能把衣物甩干吗?

基础知识

离心运动

做圆周运动的物体,由于本身的惯性总有沿着圆周切线飞出去的趋势,它之所以没有离开圆周,是因为受到足够大的向心力作用。一旦向心力突然消失,物体就会沿切线方向飞出去,离圆心越来越远。

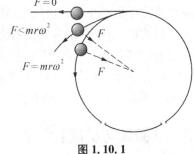

除了向心力突然消失这种情况外,在合外力 F 不足以提供物体做圆周运动所需的向心力时,物体也会逐渐远离圆心,这时物体虽然不会沿切线方向飞出,但外力不足以把它拉到圆周上来,物体就会如图 1.10.1 所示的那样,沿着切线和圆周之间的某条曲线运动,离圆心越来越远。

做匀速圆周运动的物体,在向心力不足或向心力突然消失时,将逐渐远离圆心,这种运动叫做离心运动。

图 1. 10. 1

举例应用

离心运动有很多应用,离心干燥器就是利用离心运动把附着在物体上的水分甩掉的装置,在纺织厂里用来使棉纱、毛线或纺织品变得干燥。把湿的物体放在离心干燥器的金属网笼里面(如图 1.10.2),网笼转得比较快时,水滴跟物体的附着力 F 不足以提供所需的向心力,于是水滴做离心运动,穿过网孔飞到网笼外面。

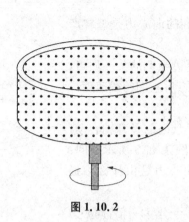

图 1.10.2

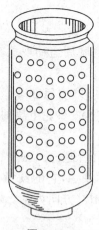

图 1.10.3

洗衣机的脱水筒（如图 1.10.3）也是利用离心运动把湿衣服甩干的，洗衣机脱水缸里的脱水器是一个多孔的可以转动的圆桶，筒壁上有许多小孔，湿衣服就放在筒里。当筒高速旋转时，水滴跟衣物之间的附着力不足以供给水滴做匀速圆周运动所需的向心力，于是水滴离开衣物，逐渐远离圆心到达筒边，穿过小孔，由惯性而沿切线方向飞出，这样就把湿衣服的水甩干了。

不少小朋友爱吃"棉花糖"，它的制作方法也应用了离心运动现象（如图 1.10.4）。机器内筒与洗衣机的脱水筒相似，里面加入白糖，加热使糖熔化，内筒高速旋转，黏稠的糖汁就做离心运动，从内筒壁的小孔飞散出去，成为细丝，到达温度较低的外筒后冷却凝固，变得纤细雪白，就像一团棉花。

图 1.10.4

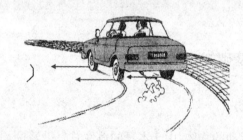

图 1.10.5

在水平公路上行驶的汽车，转弯时所需的向心力是由车轮与路面间的静摩擦力提供的（如图 1.10.5），如果转弯时速度过大，所需向心力 F 大于最大静摩擦力 F_{max}，汽车将做离心运动而造成交通事故。因此，在公路转弯处，车辆要放慢车速。

高速转动的砂轮、飞轮等，都不得超过允许的最大转速，如果转速过高，砂轮、飞轮内部分子间的相互作用力不足以提供所需的向心力，离心运动会使它们破裂，酿成事故。

【阅读与扩展】

飞车走壁

飞车走壁是一个非常惊险的节目，危险性很大。实际上车子飞驰在一个高约 8.6 m、底部和顶部直径分别为 9 m 和 11.6 m 的大圆球内壁上进行特技表演，别看与地面成 81.5°角的球壁似乎连一只小鸟也停不住，但表演这个节目的科学原理却很简单。因为当车子沿球壁行驶时，它会产生很大的离心力，正是这种离心力将车子推向球壁，车子像被吸附在球壁上一样不落下来。那么，究竟需要多大的力，才能使车子

图 1.10.6

不掉下来？我们粗略地估算了一下，结果使人吓了一跳，原来车子或人在球壁上要受到比自身重量大 6 倍多的力的作用，即原先只有 200 多公斤重的摩托车对球壁的作用力却有 1 200 多公斤重，体重 50 公斤的演员这时相对于球壁就有 300 多公斤重。即使车子动力万一失灵，由于惯性作用，车子也会在呈喇叭形的球壁内慢慢滑行而下。强大的离心力可以使飞车走壁"化险为夷"、获得成功，但它同时也是一道摆在演员面前的巨大障碍。身体素质一般的人很难承受如此严重的超重状态，要知道宇航员在飞离地球表面时所受到的重力也不过如此，何况演员还要在超重状态下做着各种轻松自如的动作。这里，不妨打这样一个比方，演员们实际上等于在一个重力比地球大 6 倍的星球上表演各种动作。在地球上用 1 kg 重的力就能拿起的东西，在这个星球上得花 6 kg 的力。因此，无论是轻轻地举一下手臂、抬一下腿，还是用手推一下，在地面上很轻巧的动作，但在走壁的飞车上这一举一抬就犹如力举百斤，每个演员都感到肩膀上似乎站着两三个人那么沉重。这种超重状态对演员还会产生很大的生理影响：在强大的离心力作用下，人体的血液会往下半身沉；初练飞车走壁的演员往往会因脑部缺血而出现双眼发黑的暂时失明现象，就连训练有素的老演员，表演结束时也会感到四肢沉重。

【思考与练习】

1. 物体做离心运动的条件有哪些？
2. 生活中还有哪些物体在做离心运动？

§1.11　趣谈物体的平衡

问题与现象

　　杂技节目表演中，一位小丑穿着很长的大皮鞋，迈着卓别林式的步子走上舞台，非常滑稽地向热情的观众鞠躬，但他没有躬下身来，而是直挺挺地向前倾斜，就像一块木板朝前倒，眼看就要栽倒了，小丑却挺着身子又立了起来，这又好像有根绳子把他拉起来似的，引起观众热烈的掌声。你知道这其中的奥秘吗？

图 1.11.1

基础知识

一、平衡的种类

　　你看过杂技表演走钢丝吗？你小时候玩过不倒翁吗？如图 1.11.2 所示，钢丝上的杂技演员、儿童玩的不倒翁都可以在重力和支持力的作用下处于平衡状态，但是钢丝上的演员稍有不慎就会摔下来，而不倒

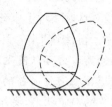

(a)

(b)

图 1.11.2

翁在扳倒后却会自动立起来。可见,平衡也是有区别的。下面就用实验来研究这个问题。

如图 1.11.3(a)所示,把木条一端的小孔挂在水平轴 O 上,让木条稍稍离开平衡位置,这时重心 C 的位置升高,重力对轴 O 的力矩就会使它回到原来的平衡位置,这种平衡叫做稳定平衡。

如图 1.11.3(b)所示,使木条的重心 C 高于水平轴 O,并恰好在轴的正上方,木条也能处于平衡状态。把木条从平衡位置稍微移开一点,重心 C 的位置降低,重力对轴 O 的力矩就会使它更加远离平衡位置,这种平衡叫做不稳定平衡。

如图 1.11.3(c)所示,把正好处于重心 C 处的小孔套在轴 O,这时无论木条处于什么角度,它都能保持平衡。这是因为无论怎样放置木条,它的重心 C 的高度都不改变,重力对轴 O 的力矩也不变,这种平衡叫做随遇平衡。

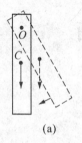

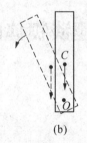

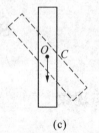

(a)

(b)

(c)

图 1.11.3

总结以上实验现象,物体在重力和支持力作用下的平衡可以分为 3 种:稳定平衡、不稳定平衡和随遇平衡。平衡后使物体稍微偏离平衡位置,如果重心升高,这种平衡就是稳定平衡;如果重心降低,就是不稳定平衡;如果稍稍偏离原来的位置后重心的高度不变,就是随遇平衡。

不倒翁的底部是较重的泥块或铁块,上部是空的,竖立的时候重心位置最低(如图 1.11.2(b)),无论怎样扳动它,它的重心都要升高,所以总会自动回复到竖立的状态。

钢丝上的杂技演员能通过自身的调整处于不稳定平衡,正是凭借这种难以掌握的高超技艺,才能赢得观众的阵阵掌声。

机器上高速旋转的部件,如电动机的转子、汽车的车轮,都必须调整为随遇平衡,不然运转起来就会产生振动,使机器损坏。

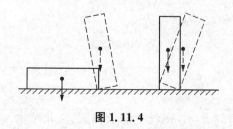

图 1.11.4

二、稳定的程度

平放的砖和竖放的砖都处于稳定平稳状态(如图 1.11.4),离开平衡位置后重心都会升高。但是,它们的稳定程度不同,竖放的砖容易翻倒,而平放的砖不易翻倒。

从图 1.11.4 中可以看出,平放的砖重心低、支持面大,只有使它偏转很大的角度,它的重力作用线才会超出支持面,使砖向外翻倒。

但竖放的砖重心高、支持面积小,只要偏转不大的角度,重力作用线就会超出支持面,可见,物体的重心越低,支持的面积越大,物体越稳定。

增加物体的稳定程度有重要的实际意义,为了使物体更稳定,既可以增大支持面积,也可以降低重心高度。例如,天平有一个底面积较大而且又较重的底座,实验室所用的铁架台有一个面积较大的铸铁座,照相机安放在支持面较大的三脚架上(如图1.11.5),越野汽车和拖拉机的车轮轮距都比较大,这些都是为了使它们更稳定。

相反地若要想减小稳定程度,就要减小支持面积和升高重心。我国汉代科学家张衡发明的候风地动仪,就是利用柱摆稳定度小的特性来测定地震源方向的仪器。

现在可以知道小丑为什么没有栽倒的原因:原来,小丑巧妙地运用重心低、支持面大,其稳定度就大的道理。他可能在鞋底里面装有较重的铁板或铅块,这样有助于降低重心,不过由于人的重心位置比较高,穿一双很重的鞋,重心还是下降得不太大。另外,小丑的鞋子长,鞋长则扩大了支持面,只要重力作用线在支持面内,身子倾斜得多一些,也不容易栽倒。

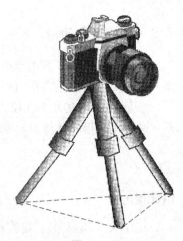

图 1.11.5

 举例应用

小制作 蛋壳不倒翁

实验器材:鸡蛋,胶水,一些重物及装饰物品若干。

实验制作:在鸡蛋的尖顶端开个小孔,用吸管或其他方式将蛋清和蛋黄取出,形成较为完整的蛋壳。将小重物放入蛋壳中,用胶水固定在底部,用装饰品或颜料将鸡蛋外部按喜好进行装饰。

实验操作及实验现象:将蛋壳左右压倒,它仍回复至竖直状态。

实验原理:蛋壳不倒翁不会倒,一方面因为它的结构上轻下重,重心很低;另外,当它向一边倾斜时,重心和桌面接触点不在同一条铅垂线上,重力作用会使它摆动回原位置。

还有就是底部为圆形,摩擦力较小,便于蛋壳不倒翁回复至原来位置。

【思考与练习】

1. 平衡的种类有哪些?
2. 怎样增加物体的稳定度?

§1.12 小鸟也能撞坏飞机

 问题与现象

1991年10月6日,海南海口乐东机场,海军航空兵的一架"014号"飞机刚腾空而起,突然,"砰"的一声巨响,机体猛地一颤,飞行员发现左前三角挡风玻璃完全破碎。令人庆幸的是,飞行员凭着顽强的意志和娴熟的技术终于使飞机降落在跑道上。事故的原因是一只迎面飞来的小鸟。

瞬间的碰撞会产生巨大冲击力的事例,不只发生在鸟与飞机之间。一次,一位汽车司机开车行驶在乡间公路上,突然,一只母鸡受惊,猛然在车前跳起,结果冲破汽车前窗,一头撞进驾驶室,并使司机受了伤。

上面的"小鸟撞飞机"和"母鸡撞汽车"两个实例涉及了物理学中两个重要的物理量——冲量和动量。

基础知识

一、冲量和动量

一辆汽车受到不同的牵引力时，从开动到获得一定的速度，需要的时间不同。牵引力大时，需要的时间短；牵引力小时，需要的时间长。可见，一个力的作用效果跟这个力作用的时间长短有关系。

一质量为 m 的小车在拉力 F 的作用下从静止开始运动，根据牛顿第二定律，有 $F = ma$。假设经过时间 t 后小车获得的速度为 v，那么又有

$$a = \frac{v}{t}$$

由此得出

$$Ft = mv \qquad (1)$$

这个关系式表明，一定质量的物体在力的作用下从静止开始所获得的速度，不仅与力的大小有关，还与力的作用时间有关。只要力和时间的乘积一定，它们产生的效果（使一定质量的物体达到一定的速度）也是一定的，可见，力和时间的乘积 Ft 有一定的物理意义。在物理学中，把力 F 和时间 t 的乘积叫做冲量。

冲量的方向与力的方向相同。冲量的单位由力的单位和时间的单位决定，在国际单位制中，力的单位是牛（N），时间的单位是秒（s），所以冲量的单位是牛秒，符号是 N·s。

从公式（1）还可以看出，当冲量 Ft 一定时，尽管质量不同的物体达到的速度不同，但是质量和速度的乘积却是一定的。可见，质量和速度的乘积也有一定的物理意义，在物理学中，把质量 m 和速度 v 的乘积叫做动量。动量通常用字母 p 表示，即 $p = mv$。

动量的方向与速度的方向相同。动量的单位由质量的单位和速度的单位决定，在国际单位制中，质量的单位是千克（kg），速度的单位是米每秒（m/s），所以，动量的单位是千克米每秒，符号是 kg·m/s。

二、动量定理

鸡蛋从桌面滚下，如果落在水泥地面上，肯定会被打破，而掉在厚厚的泡沫塑料垫上，就不会被打破，这是为什么？学习了下面的内容，就能知道其中的原因。

一辆小车以一定的速度 v_0 运动，它在恒定外力 F 的作用下经过时间 t 速度变为 v_t，这时有

$$F = ma = m\frac{v_t - v_0}{t}$$

整理后可得

$$Ft = mv_t - mv_0$$

即

$$Ft = p_t - p_0 \qquad (2)$$

其中，p_0 表示初始时刻物体的动量，p_t 表示 t 时刻物体的动量。如果物体同时受到几个力的作用，上式中的 F 就表示物体受到的合力，冲量 Ft 则是合力的冲量。

公式（2）表示物体受到的合力的冲量等于物体动量的变化量。这个规律叫做动量定理。前面公式（1）的 $Ft = mv$ 是初动量为零的情形，是动量定理的特殊形式。

在动量定理的推导中，我们假定合力恒定。实际上，有时物体受到的力是变力，例如，垒球受到球棒对它的作用力，这个力是变化的，在很短的时间内从零急剧增大到最大值，然后又急剧减小为零。在这种情况下，我们可以把变力的冲量看成一个平均力的冲量，动量定理仍然适用。

举例应用

例 如图 1.12.1 所示，一个质量为 5.0 kg 的铁锤把铁路道钉打进枕木里，铁锤和道钉接触时的速度是 5.0 m/s，如果打击时铁锤和道钉的作用时间是 0.02 s，求打击时的平均作用力（不计铁锤所受的重力）。

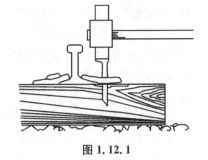

图 1.12.1

解　设竖直向下的方向为正方向。

根据题目所给的条件,不计铁锤的重力,只考虑铁锤受到的道钉的作用力 F。在这个力的作用下,铁锤的速度在 $t = 0.02 \text{ s}$ 内,速度发生了改变,$v = 5.0 \text{ m/s}$,$v' = 0$。由动量定理可知道

$$F = \frac{p' - p}{t}，\text{即}$$

$$F = \frac{mv' - mv}{t}$$

代入已知数值,得
$$F = \frac{0 - 5.0 \times 5.0}{0.02} \text{ N} = -1.25 \times 10^3 \text{ N}$$

上式中的负号表示铁锤受到的作用力的方向与规定的方向相反。因此铁锤受到的平均作用力方向向上,大小为 1.25×10^3 N。

根据牛顿第三定律,道钉受到的作用力与铁锤受到的作用力大小相同,方向相反,因此,道钉受到的平均作用力方向向下,大小也为 1.25×10^3 N。

题目给出的条件是不计铁锤所受的重力,如果把铁锤的重力考虑在内,那么道钉受到的平均作用力要比 F 大,即要在 1.25×10^3 N 上再加上铁锤所受的重力 mg,根据已知条件,即为

$$G = mg = 5.0 \times 9.8 \text{ N} = 49 \text{ N}$$

这个力的大小跟上面得到的 1.25×10^3 N 相比很小,因此在研究打击过程中的平均作用力时,可以不考虑铁锤的重量。

用动量定理很容易解释前面提到的鸡蛋落地现象,鸡蛋从桌面落到地面后速度是零,动量的变化是一定的,受到的冲量也就是一定的。因此,如果力的作用时间短,作用力就大;如果力的作用时间长,作用力就小。鸡蛋落到水泥地面上,很快就停下来,力的作用时间短,因而产生的作用力大,鸡蛋被打碎;而鸡蛋落到厚厚的泡沫塑料垫上,从接触到完全停下来需要较长时间,因而产生的作用力小,就可能不致破碎。

在日常生活和生产实践中,有时需要延长力的作用时间,使得产生的作用力较小。例如,运输玻璃器皿等易碎物品时,需要在包装箱里放进泡沫塑料或刨花、纸屑等松软物,可以防止撞击时物品受到损坏。儿童玩的碰碰车或碰碰船(如图 1.12.2),外缘使用柔软的橡胶材料制作,可以用来减小碰撞时的冲击力。相反,有时需要得到较大的作用力时,可以使物体先获得较大的动量,然后让它的动量在很短的时间内发生很大的变化。例如,开山打石时,把具有很大质量的锤子抡起来,使它有较大的动量,然后把锤头打在钢钎上,大铁锤的动量发生急剧变化,就产生较大的作用力,能够把坚硬的石头劈开。

图 1.12.2

【阅读与扩展】

苹果变成了炮弹

　　1985 年 11 月 28 日,沈空航空兵某团飞行员张汉成驾驶 104 号飞机,在 800 m 高空以约 600 km/h 的速度进行飞行特殊训练。突然,一群大鸟与飞机相撞,致使飞机几乎失去控制能力。飞行员果断地采取操作使飞机安全着陆。机务人员当即检查飞机,发现机身上多处沾有鸟的血迹和羽毛,两台发动机严重损

伤，压缩机叶片和进气整流罩全部被损坏，右机翼前沿被打裂的裂缝有 20 cm 长。

鸟撞飞机主要发生在起飞、着陆的过程中及低空飞行时。尤其是群鸟，危害飞机的可能性就更大。飞鸟像子弹一样，除了可以打坏喷气式飞机的压气机叶片外，还可以击穿飞机驾驶舱的挡风玻璃。挡风玻璃被击穿，不仅使飞机震裂，飞行员视线也会受到影响，飞行员不能清晰地观察外界，给驾驶飞机带来困难，甚至玻璃碎片可能击伤飞行员。

鸟撞到飞机上，为什么会产生如此巨大的力量呢？这主要是由于飞机的飞行速度太快了。可以进行估算，一只 0.45 kg 重的鸟，撞在以 80 km/h 速度飞行的飞机上，能产生 153 kg 的力；撞在以 960 km/h 速度飞行的飞机上，则能产生 22 000 kg 的力。倘若是一只 7.2 kg 重的大鸟，撞在以 960 km/h 速度飞行的飞机上，能够产生 13 万公斤的力！由此不难看出，飞机飞行的速度越高，鸟撞在飞机上的作用力就越大，其危害也就越严重。

飞机是这样，汽车也如此。1924 年举行过一次汽车竞赛，沿途的农民看到汽车从身旁飞驰过去，为了表示祝贺，向车上乘客投掷西瓜、香瓜和苹果。这些好意的礼物竟起到很不愉快的作用：西瓜和香瓜把车身砸凹弄坏，苹果落到驾驶员身上，造成严重的外伤。这个理由很简单：汽车本身的速度加上投出瓜果的速度，就使这些瓜果变成危险的、有破坏能力的"炮弹"。不难算出，一颗 10 g 重的枪弹发射出去以后所具有的动能，跟一个 4 kg 重的西瓜投向每小时行驶 120 km 的汽车所产生的动能不相上下。普通汽车的时速可达 100 多公里，赛车的车速就更高了。

图 1.12.3

为避免鸟撞机的事故，人们一直进行着不懈的努力。例如，清除机场附近对鸟类具有吸引力的水、食物、树木等生活条件；在机场周围设置带有声响或其他能够恐吓飞鸟的装置；在飞机上安装专门仪器监测航线上的鸟群，提醒驾驶员避开鸟群飞行；在机场上设置雷达，监视跑道上的鸟群，指令驾驶员推迟起飞时间等。

尽管如此，完全杜绝鸟撞事故也是不可能的。于是，人们又设法提高飞机相关部件，特别是提高挡风玻璃抗鸟撞击的能力，最大限度地减轻由于鸟撞而造成的损失。

【思考与练习】

1. 质量是 25 kg 的儿童以 0.5 m/s 的速度步行。他的动量有多大？一个质量是 20 g、速度是 800 m/s 的子弹，动量有多大？二者相比，哪个动量大？

2. 相同质量的钢球和铅球，从相同高度自由落下，撞击水泥地面后，铅球停止运动，钢球又向上弹起。哪个球的动量变化大？

3. 汽车的质量和速度越大，急刹车越困难，怎样根据动量定理来解释这种现象？

4. 质量是 2 000 t 的列车以 72 km/h 的速度行驶，它的动量是多大？要使它在 30 min 内停下来，需要多大的制动力？

§1.13　有趣的声学知识

问题与现象

生活中有许多声学现象，有的容易观察，有的却不易察觉。下面就来介绍一些有趣的声学现象。

基础知识

一、声音的反射

各种波在传播过程中如果遇到障碍物都会发生反射,声波也是如此。我们在初中学过的回声现象(如图 1.13.1),就是声波在遇到较大的障碍物后反射回来,传入人耳再次被听到而形成的。

声波遇到较大的障碍物时总要发生反射,但有时却听不到回声。障碍物较远,反射的声波到达人耳比原声滞后 0.1 s 以上时,才能分辨出回声。通常在室内讲话时,墙壁反射回来的声音与原来的讲话声"会合"在一起,耳朵分辨不出,只是感到比在空旷的操场上讲话时声音更响些。夏日的雷声,有时轰隆隆地延续几秒钟以上,一部分原因就是声波在云层、山岳和地面间多次反射造成的。在空旷的大房子里说话,也会因多次反射而感到余音缭绕。

图 1.13.1

二、声的衍射

水塘里的水波能够绕过水中的木块、石块等小障碍物继续传播,好像这些障碍物并不存在,波绕过障碍物继续传播的现象,叫做波的衍射。声波是一种波,也可以发生衍射现象。人在墙的一侧说话,墙另一侧的人能够听到说话声,就是因为声波能够绕过墙继续传播,这就是声波的衍射。**研究表明,只有缝、孔的宽度或阻碍物的尺寸跟波长相差不多,或者比波长更小时,才能发生明显的衍射现象。**

声波的波长在 1.7 cm～17 m 之间,可以跟一般障碍物的尺寸相比,所以声波能绕过障碍物。

三、声的干涉

当两列频率相同的波传来时,介质中的质点要同时参与两种振动。在有一些位置,这两种振动的叠加使得这里的质点的振动加强;在另一些位置,两种振动的叠加使得这里的质点的振动削弱。例如,操场上安装两个相同的扬声器,播放相同的声音,如果在操场上来回走动,可以发现:一些地方听到的声音大,另外一些地方听到的声音小。这就是声的干涉现象。

四、混响

声波在室内传播时,要被墙壁、天花板、地板等障碍物反射,每反射一次都要被障碍物吸收一些。这样,当声源停止发声后,声波在室内要经过多次反射和吸收,最后才消失,我们就感觉到声源停止发声后声音还会继续一段时间。这种现象叫做混响,这段时间叫做混响时间。

混响时间的长短是设计音乐厅、剧院和礼堂时必须考虑的,它跟房间的大小和形状有关,跟室内物品材料的性质和人数的多少也有关系。坚硬的物体,如大理石、混凝土、玻璃、金属等,反射声波的能力强,吸收声波的能力弱;柔软的物体,如地毯、天鹅绒、毛毡等,反射声波的能力弱,吸收声波的能力强。如果给室内墙壁装上吸声能力强的材料,它的混响时间就短,反之,混响时间就长。混响时间过长,会使声音互相重叠,模糊不清;而混响时间过短,又给人以声音单调、不丰满的感觉。

对讲演厅来说,混响时间不能太长。对于不大的房间,最好的混响时间是 1 s 左右,房间的容积较大,混响时间也应该稍大一些。房间的满与空,对于它的混响时间也有影响。我们平时讲话,每秒钟大约发出 2～3 个单字,假定现在发出两个单字"物理",设想混响时间是 3 s,那么,在发出"物"字的声音之后,虽然声强逐渐减弱,但还要持续一段时间(3 s),在发出"理"字的声音的时刻,"物"字的声强还相当大,因而两个单字的声音混在一起,什么也听不清。但是,混响时间也不能太短,太短则响度不够,也听不清楚,因此需要选择一个最佳混响时间。北京科学会堂有一个学术报告厅,混响时间为 1 s。

不同用途的厅堂,最佳混响时间也不相同,一般来说,音乐厅和剧场的最佳混响时间比讲演厅要长些,而且因使用情况不同而不同。轻音乐要求节奏鲜明,混响时间要短些,交响乐的混响时间可以长些。难以听懂的剧种如昆曲之类,混响时间一长,就更难以听懂。节奏较慢而偏于抒情的剧种,混响时间则可以长些。总之,要有一定的、恰当的混响时间,才能把演奏和演唱的感情色彩表现出来,收到应有的艺术效果。例如,对 1 000 Hz 的声音,北京首都剧场空座时的混响时间是 1.2 s,坐满观众时为 0.8 s。这是因为满座时,吸收声音的物体变多,混响时间缩短,上面所说的最佳混响时间就是指满座时的混响时间。高级的音乐厅或剧场,为了满足不同的要求,需要人工调节混响时间。其中一个办法是改变厅堂的吸声情况。在大厅墙壁上安装一组可以转动的圆柱体,柱面的一半是反射面,反射强、吸收少;另一半是吸声面,反射弱、吸收多。把反射面转到厅堂的内表面,混响时间就变长;反之,把吸收面转到厅堂的内表面,混响时间就变短。

高水平的音乐会一般都不使用扩音设备,为的是能够让听众直接听到舞台上的声音。为了让全场听众都能清楚地听到较强的声音,有些音乐厅在天花板上挂有许多反射板,这些反射板的大小、形状、安放位置和角度都经过精确设计,以便把舞台上的声音反射到音乐厅的各个角落。

处理好不同建筑物的声响效果以取得好的音质,这是一门很重要的学问,叫做建筑声学。上面介绍的混响只是其中的一个方面,希望能引起同学们对声学的兴趣。

 举例应用

小实验 用声音"吹灭"蜡烛

实验准备:田径比赛时用的发令枪,蜡烛,大一些的抛物面反射镜一对(或小铁锅一对),直径 30 cm、焦距 8 cm 的抛物面反射镜,光具座,烛台,十字夹,试管夹,铁架台等。

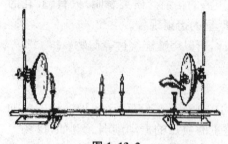

图 1.13.2

实验操作:实验装置如图 1.13.2 所示。

(1) 将直径及焦距相同的两个抛物面反射镜分别固定在铁架台上相向放置,间距约 60～70 cm,间距的大小依照抛物面反射镜或小铁锅的大小灵活而定。

(2) 在两个抛物面反射镜下方放置一个光具座。

(3) 测定抛物面反射镜的焦距。

方法一:应用公式求解;

方法二:在阳光下借用一把直尺测量。

(4) 在两个抛物面反射镜的中间放一支或几支点燃的蜡烛,在左边反射镜的焦点处也放一支点燃的蜡烛。

(5) 在右边的抛物面反射镜的焦点处打响发令枪,就可以发现左边反射镜焦点处的蜡烛熄灭了,而两抛物面反射镜中间的其他蜡烛并未被"吹灭"。

实验中的科学:声音具有能量,它表达了物体的振动,当声音传递到人耳引起鼓膜振动时,我们可以感觉到声音。它是一种看不到、摸不着的声波。

声音"吹灭"蜡烛实验的理论解释如下:抛物面反射镜起着把声音集中到一点(焦点)的作用,在声音集中的地方点着一支蜡烛,"啪"的一声枪响,声音在两个抛物面反射镜之间传播—反射—传播—反射—会聚,通过左边抛物面反射镜焦点处声波最强,能量最大,空气的振动就集中于该点,蜡烛就被"吹灭"了。而中间其他蜡烛未被"吹灭"是因为它们所处位置的声波强度不如焦点处。

📖 **【阅读与扩展】**

大雪后为什么很寂静?

冬天一场大雪过后,人们会感到万籁俱寂。在雪被踩过后,大自然又恢复了以前的喧嚣。这是怎么回事?原来,刚下过的雪新鲜蓬松,它的表面层有许多小气孔,当外界的声波传入这些小气孔时便要发生反射。由于气孔往往是内部大而口径小,仅有少部分波的能量能通过出口反射回来,而大部分的能量被吸收掉,从而导致自然界大部分的声音能被大雪的表面层所吸收,形成了万籁俱寂的场面。而雪被人踩过后,情况就大不相同,原本新鲜蓬松的雪会被压实,从而减小了对声波能量的吸收,所以,自然界便又恢复了往日的喧嚣。

【思考与练习】

1. 插在水中的细棒对水波的传播没有影响,这是波的什么现象?在墙外听到墙内的人讲话,这是波的什么现象?一个人在两个发出相同声音的扬声器之间走动时,听到的声音时强时弱,这是波的什么现象?

2. 大山间的狭缝宽 2 m,声速为 340 m/s、频率分别为 1 700 Hz 和 170 Hz 的两列声波,哪一列声波通过狭缝能发生更明显的衍射现象?

3. 频率不同的两列波,能否观察到干涉现象?频率相同的两列波,如果它们的振幅不同,能否观察到干涉现象?

§1.14　次声波和超声波

问题与现象

生活在海边的渔民经常看见这样的情景:风和日丽,平静的海面上出现一把一把小小的"降落伞"——水母,它们在近海处悠闲自得地升降、漂浮。忽然水母像收到什么命令般纷纷离开海岸,游向大海。不一会儿,狂风呼啸,风暴来临。这是为什么呢?

人类能听见的声波的范围较窄,低于 20 Hz 和高于 20 kHz 的声波都不能引起听觉。低于 20 Hz 的声波叫做次声波,高于 20 kHz 的声波叫做超声波。次声波和超声波虽然不能引起人类的听觉,但是仍对人类有着很大的实际意义。

基础知识

一、次声波

地震、台风、火山爆发、龙卷风等大自然的活动会产生强大的次声波。人类的活动,如核爆炸、火箭起飞、奔驰的车辆的振动等也会产生相当强的次声波。

次声波的频率低,波长大,容易发生衍射。在传播过程中遇到障碍物很难被阻挡住,常常会一绕而过,在某些情况下,巨大的山峦也无法阻挡它的传播。

声波在传播过程中,频率越高,衰减越大,次声波由于频率很低,在传播过程中衰减很小,因此,**次声波可以传得很远很远**。

强次声波对人和动物是有害的。人和动物的各个器官都有自己的固有频率,例如,人体内脏的固有频率在 10 Hz 以下。如果人耳听不见的次声波与人的某个器官的固有频率相同,就会引起共振。因此,次声对人的心脏、听觉、视力、语言都会产生影响,强大的次声波会导致人的死亡。动物实验发现,强次声波能使狗呼吸困难,使栗鼠的耳膜振破,甚至使一些动物心脏破裂而死亡。

动物的听觉范围与人不同,人耳听不到的次声波,某些动物却可以听到。狗等动物能听见大地震前震产生的次声波,因而产生烦躁不安等异常现象,这是大地震的预兆。

根据接收到的次声波可以探知远距离的核武器试验、导弹发射以及海啸等事件。1986 年 1 月 29 日 0时 38 分,美国航天飞机"挑战者"号爆炸,经过 12 h 53 min 后,它的次声波传到北京香山的中国科学院声学研究所监测站,其间的路程约达 14 300 km。

次声波的速度比地震引起的巨大海浪的传播速度和台风中心的移动速度都快,利用次声波的资料能够预报破坏性很大的海啸、台风,以便人们及早做好预防工作。

二、超声波

超声波有两个特点:一是能量大,二是方向性好。下面介绍一下超声波在这两方面上的应用。

在我国北方,冬季比较干燥,如果把超声波通入水罐中,剧烈的振动会使罐中的水"破碎"成许多小雾滴,使室内的湿度增大,这就是超声波加湿器的原理。利用超声波的巨大能量还可以把人体内的结石击碎。

超声波的频率很高,振动很快,可使介质中的质点产生比重力加速度大几十万倍的加速度,具有强烈的振荡、冲击作用。因此,可以用超声波清洗金属、玻璃和陶瓷制品上较难处理的污垢。超声波的振荡、冲击作用能将一些单细胞生物完全杀死,即使最顽强的结核杆菌和白喉杆菌,也经不起超声波的处理,所以超声波还可以用来对饮水、牛奶、罐头进行消毒。用超声波消毒,温度不高,不降低食品的营养价值,也不会改变食物的味道,并且操作简便,效率很高。

我们知道,波长越短,衍射现象越不明显,由于超声波频率高,波长短,所以基本上是沿直线传播,方向性好。有的动物,例如海豚、蝙蝠等,都能发出超声波以确定方向。蝙蝠视力不好,却能在黑暗中绕过小障碍物,自由飞行。但是如果把蝙蝠的双耳塞住,它在飞行时就会到处碰壁。

用测量超声波的电子仪器发现,蝙蝠有完善的发射和接收超声波的器官,它是靠发出超声波后被障碍物反射回来的回声来发现目标、确定飞行方向,人们模仿蝙蝠等动物的这一特性制成了声呐(水声测位仪)。这种装置能发出短促的超声波脉冲,再接收被潜艇、鱼群或海底反射的回波,根据反射波返回的时间和波速,就可以确定潜艇、鱼群的位置或海底深度。

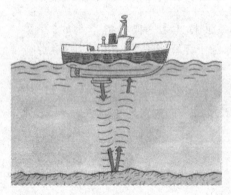

图 1.14.1

现在,超声波诊断仪已经广泛用在检查人体内的肿瘤、结石和其他病变上。这种仪器利用电子设备产生超声振动,于是就有超声波经过探头(发射器)经一定方向透入人体内脏,然后通过反射回来的超声波来诊断病症。例如,正常肝脏的密度是均匀的,超声波进入后不会在中途发生反射;如果肝脏发生病变,肝组织的均匀性就被破坏,超声波反射回来,显示仪上的图像就有变化。分析显示仪的图像,就可以判断肝脏是否正常以及病变的位置、大小和性质。现在医院常用的 B 超检查,利用的就是这样的原理(如图 1.14.1)。

【思考与练习】

1. 次声波有哪些特点及应用?
2. 超声波有哪些基本特点和应用?

§1.15 地 震 与 防 震

问题与现象

2008 年 5 月 12 日 14 时 28 分 04 秒,四川汶川、北川发生里氏 8.0 级地震,地震造成 69 227 人遇难、374 643 人受伤、17 923 人失踪。此次地震为新中国成立以来国内破坏性最强、波及范围最广、总伤亡人数最多的地震之一,被称为"汶川大地震"。地震是怎样形成的?地震发生时应该如何保护自己?

基础知识

一、地震的成因

地震成因是地震学科中的一个重大课题。目前有大陆漂移学说、海底扩张学说等,大家普遍认同的是板块构造学说。1965 年加拿大著名地球物理学家威尔逊首先提出"板块"的概念,1968 年法国人把全球岩石圈划分成 6 大板块,即欧亚、太平洋、美洲、印度洋、非洲和南极洲板块(如图 1.15.1)。板块与板块的交界处,是地壳活动比较活跃的地带,也是火山、地震较为集中的地带。板块构造学说是大陆漂移、海底扩张等学说的综合与延伸,它虽不能解决地壳运动的所有问题,却为地震成因的理论研究提供了研究基础。

图 1.15.1

地震分为天然地震和人工地震两大类。此外,某些特殊情况下也会产生地震,如大陨石冲击地面(陨石冲击地震)等。引起地球表层振动的原因很多,根据地震的成因,可以把地震分为以下 5 种。

(1) 构造地震。由于地下深处岩石破裂、错动,把长期积累起来的能量急剧释放出来,以地震波的形式向四面八方传播出去,到地面引起的地动山摇称为构造地震。这类地震发生的次数最多,破坏力也最大,约占全世界地震的 90% 以上。

(2) 火山地震。由于火山作用,如岩浆活动、气体爆炸等引起的地震称为火山地震。只有在火山活动区才可能发生火山地震,这类地震只占全世界地震的 7% 左右。

(3) 塌陷地震。由于地下岩洞或矿井顶部塌陷而引起的地震称为塌陷地震。这类地震的规模比较小,次数也很少。即使有,也往往发生在溶洞密布的石灰岩地区或大规模地下开采的矿区。

(4) 诱发地震。由于水库蓄水、油田注水等活动而引发的地震称为诱发地震。这类地震仅仅在某些特定的水库库区或油田地区发生。

(5) 人工地震。地下核爆炸、炸药爆破等人为引起的地面振动称为人工地震。人工地震是由人为活动引起的地震,如:工业爆破、地下核爆炸造成的振动;在深井中进行高压注水以及大水库蓄水后增加了地壳的压力,有时也会诱发地震。

二、地震的概念

在地震学中,震源是地震发生的起始位置。震源在地面上的垂直投影,叫作震中。震中到震源的深度叫作震源深度。通常将震源深度小于 70 km 的叫浅源地震,深度在 70～300 km 的叫中源地震,深度大于 300 km 的叫深源地震。**破坏性地震一般是浅源地震。**如 1976 年发生的唐山大地震的震源深度为 12 km。对于同样大小的地震,由于震源深度不一样,对地面造成的破坏程度也不一样。震源越浅,破坏越大,但波及范围也越小,反之亦然。

当某地发生一个较大的地震时,在一段时间内往往会发生一系列的地震,其中最大的一个地震叫做主震,主震之前发生的地震叫前震,主震之后发生的地震叫余震。

震级是指地震的大小,是表征地震强弱的量度,是以地震仪测定的每次地震活动释放的能量多少来确定的。**震级通常用字母 M 表示,国际上通用的是里氏分级,共分 9 个等级。**通常把小于 2.5 级的地震叫小地震,2.5～4.7 级的地震叫有感地震,大于 4.7 级的地震称为破坏性地震。**震级每相差 1.0 级,能量相差大约 30 倍;**每相差 2.0 级,能量相差约 900 多倍。比如,一个 6 级地震释放的能量相当于美国投掷在日本广岛的原子弹所具有的能量;一个 7 级地震相当于 32 个 6 级地震,或相当于 1 000 个 5 级地震。

三、地震来临之前的征兆

对地震灾害,目前还不能准确地作出预报。但长期的观察研究表明,地震前是会出现一些征兆的,能够提醒人们提高警惕。这些征兆主要有以下 4 种。

（1）动物出现异常。例如大量的蛇爬出洞来长距离迁移;家禽家畜不吃不喝,狂叫不止,不进窝圈;大量的老鼠白天出洞,不畏追赶;动物园里的动物萎靡不振,卧地不起等。

（2）地下水发生异常。例如震区的枯井突然有了水,井水的水位突然大幅度上升或下降,井水由苦变甜、由甜变苦等。

（3）出现地光和地声。临震前的很短时间里,大地常会突然发出彩色的或强烈的地光,还可能发出轰隆隆的或像列车通过、或像打雷般的巨响。

（4）有的人也有异常感觉。地震发生前,某些人也会有异常感觉,特别是老人、儿童、患病者可能更为明显。

四、地震发生时怎样保护自己

如果在平房里突然发生地震,要迅速钻到床下、桌下,同时用被褥、枕头、脸盆等物保护住头部,等地震间隙再尽快离开住房,转移到安全的地方。地震时如果房屋倒塌,应呆在床下或桌下千万不要移动,要等到地震停止再逃出室外或等待救援。

如果住在楼房中发生了地震,不要试图跑出楼外,因为时间来不及。最安全、最有效的办法是:及时躲到两个承重墙之间最小的房间,如厕所、厨房等;也可以躲在桌、柜等家具下面以及房间内侧的墙角,并且注意保护好头部;千万不要去阳台和窗下躲避。

如果正在上课时发生了地震,不要惊慌失措,更不能在教室内乱跑或争抢外出。靠近门的同学可以迅速跑到门外;中间及后排的同学可尽快躲到课桌下,用书包护住头部;靠墙的同学要紧靠墙根,双手护住头部。

如果已经离开房间,千万不要地震一停就立即回屋取东西。因为第一次地震后,接着会发生余震,余震对人的威胁会更大。

如果在公共场所发生地震,不能惊慌乱跑。可以随机应变躲到就近比较安全的地方,如桌柜下、舞台下、乐池里。

如果发生地震时正在街上,绝对不能跑进建筑物中避险,也不要在高楼下、广告牌下、狭窄的胡同、桥头等危险地方停留。

如果地震后被埋在建筑物中,应先设法清除压在腹部以上的物体;用毛巾、衣服捂住口鼻,防止烟尘窒息;要注意保存体力,设法找到食品和水,创造生存条件,等待救援。

强烈的地震,常会造成房屋倒塌、大堤决口、大地陷裂等情况,给人民的生命和财产带来损失。为了在地震发生时保护自己,不要到处乱喊,因为尘土飞扬的环境下吸入过多灰尘,极易使人体窒息而死。最明智的避难场所是卫生间。卫生间面积小,管线多,最关键的一点是它有水管。医学证明,在没水有食物的环境下,人类可生存 72 个小时;在有水没食物的环境下,人类可生存 7～8 天。因此,我们建议您家中的卫生间内不妨放上一个急救小药箱,卫生间里面备有 1～2 瓶矿泉水,以备不时之需。地震发生后如被困,科学的做法应该是用硬物有节奏地敲击管道,这样既可节省体力,也可为搜救者提供信号。我们同时发现,8 级以上的地震,人类根本无法站立走动。实际上楼层越高,其抗震能力反而越好。在高楼大厦内的人群遇到地震,切莫盲目下楼,更不能在此时使用电梯,高楼内扶梯的转弯角由于钢筋较多不易坍塌,也是不错的避难场所。

通常，地震给人们带来的创伤以颅脑外伤、脊柱外伤为主。颅脑外伤需要极为专业的止血，一般只有专业医护人员方可开展。而脊柱外伤、四肢外伤的处理，普通百姓应有所了解：在发现伤者时，切忌"你抱我抱"，正确的方法是平整仰卧，令伤者的颈椎、胸部保持在同一个水平线上，不得边旋转边扯拉，有条件的最好将伤者放在硬板上抬出，尽最大可能预防脊柱外伤。

可见，学习地震知识非常重要。地震会有层出不穷的次生灾害发生，每个人应根据不同情况，审时度势，采取灵活的应急对策。

【阅读与扩展】

世界上主要的大地震

1900 年以来人类历史上发生过 10 次最强烈的地震，以下是这 10 次大地震的基本情况（按震级排列）。

(1) 智利大地震（1960 年 5 月 22 日）：里氏 9.5 级。发生在智利中部海域，并引发海啸及火山爆发。此次地震共导致 5 000 人死亡，200 万人无家可归。

(2) 美国阿拉斯加大地震（1964 年 3 月 28 日）：里氏 9.2 级。此次引发海啸，导致 125 人死亡，财产损失达 3.11 亿美元。阿拉斯加州大部分地区、加拿大育空地区及哥伦比亚等地都有强烈震感。

(3) 美国阿拉斯加大地震（1957 年 3 月 9 日）：里氏 9.1 级。地震导致休眠长达 200 年的维塞维朵夫火山喷发，并引发 15 m 高的大海啸。

(4) 印度尼西亚大地震（2004 年 12 月 26 日）：里氏 9.0 级。发生在位于印度尼西亚苏门答腊岛上的亚齐省。地震引发的海啸席卷斯里兰卡、泰国、印度尼西亚及印度等国，导致约 30 万人失踪或死亡。

(5) 厄瓜多尔大地震（1906 年 1 月 31 日）：里氏 8.8 级。发生在厄瓜多尔及哥伦比亚沿岸。地震引发强烈海啸，导致 1 000 多人死亡。中美洲沿岸、圣-弗朗西斯科及日本等地都有震感。

(6) 美国阿拉斯加大地震（1965 年 2 月 4 日）：里氏 8.7 级。地震引发高达 10.7 m 的海啸，席卷了整个舒曼雅岛。

(7) 中国西藏大地震（1950 年 8 月 15 日）：里氏 8.6 级。2 000 余座房屋及寺庙被毁。印度雅鲁藏布江损失最为惨重，至少有 1 500 人死亡。

(8) 俄罗斯大地震（1923 年 2 月 3 日）：里氏 8.5 级。发生在俄罗斯堪察加半岛。

(9) 印度尼西亚大地震（1938 年 2 月 3 日）：里氏 8.5 级。发生在印度尼西亚班达附近海域。地震引发海啸及火山喷发，人员及财产损失惨重。

(10) 俄罗斯千岛群岛大地震（1963 年 10 月 13 日）：里氏 8.5 级。地震还波及日本及俄罗斯其他地方。

【思考与练习】

1. 地震是怎么形成的？

2. 地震的类型有哪些？

3. 结合实际谈谈地震来时怎样更好地保护自己。

第 2 章
生活中的热现象

在生活中热现象普遍存在,并且与我们的生活关系密切。这一章我们就来学习这些与热现象有关的知识。

§2.1 分子的热运动

问题与现象

自古以来,人们就不断地探索物质组成的秘密。两千多年以前,古希腊的著名思想家德谟克利特认为,万物都是由极小的不可分的微粒构成的,并把这种微粒叫做原子。在古希腊学者提出古原子论观点的同一时期,我国古代的墨家学派也曾提出原子的观点,认为对物质进行分割时,分割到"端"就不能再分割下去了。这些古代的学说虽然没有实验根据,却包含着原子理论的萌芽。

科学技术发展到今天,人们逐渐揭开了物质组成的秘密。现在,原子的存在早已得到实验的证实。科学研究还表明:一方面,原子也不是不可再分的;另一方面,原子还能够结合成分子,分子是具有一定化学性质的最小物质微粒。

基础知识

一、分子的大小

分子是很小的,不但用肉眼不能直接看到它们,就是在光学显微镜下也看不到,现在有了能放大几亿倍的扫描隧道显微镜,借助它可以观察到物质表面的分子。如图 2.1.1 所示是我国科学家用扫描隧道显微镜拍摄的石墨表面原子的照片,图中每个亮斑之间都是一个碳原子。

物理学中测定分子大小的方法有许多种。用不同方法测出的分子大小并不完全相同,但数量级是一致的。测定结果表明,除了一些有机物质的大分子外,一般物质分子直径的数量级为 10^{-10} m。例如,水分子的直径约为 4×10^{-10} m,氢分子的直径约为 2.3×10^{-10} m。

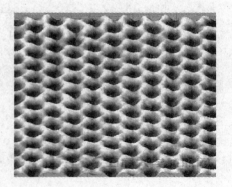

图 2.1.1

二、分子的运动

我们在初中已经学过,一切物质的分子都在不停地做无规则的运动。随处可见的扩散现象,就是物质分子永不停息地做无规则运动的证明。图 2.1.2 就是气体分子扩散的实验。

温度越高,扩散进行得越快。这表示温度越高,分子的无规则运动就越剧烈。正因为分子的无规则运动与温度有关系,所以通常把分子的这种运动叫做**热运动**。制造晶体管和集成电路时,要在某些纯净物质中掺入其他元素,这样的工艺就是在高温条件下通过扩散完成的。

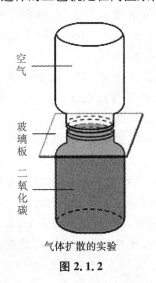

图 2.1.2

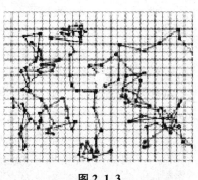

图 2.1.3

三、布朗运动

1827 年英国植物学家布朗在研究植物授粉的过程中,无意间在显微镜下发现,悬浮在水中的花粉在不停地做无规则的运动。这是不是因为植物有生命而造成的? 布朗用当时保存了上百年的植物标本,取其微粒进行实验,并另取一些没有生命的无机物粉末进行实验。布朗发现,不管什么微粒,只要足够小,就会发生这种运动,而且微粒越小,运动就越明显。这说明这种运动不是生命现象。为了纪念布朗的这个发现,人们把液体或气体中悬浮微粒的无规则运动叫做**布朗运动**。

在显微镜下追踪一个小微粒的运动,每隔 30 s 记录一次微粒的位置,然后用直线把这些位置依次连接起来,就得到如图 2.1.3 所示的微粒位置的连线。可以看出,微粒的运动是无规则的。

举例运用

在农村堆放煤炭旁边的墙里面都变黑了,是因为煤分子扩散进入了墙壁。炒菜时能闻到菜的香味,也是气体分子扩散的原因。

【阅读与扩展】

油膜法估算分子大小

1. 选择油酸分子作为估测对象

把体积很小的油酸滴在水面上时,水面上会形成一层油酸薄膜。薄膜是由单层油酸分子组成的,如图 2.1.4 所示为其示意图。粗略地把油酸分子看作球体,油膜的厚度 d 就是油酸分子的直径。

油膜的厚度等于水面上这一小滴油酸的体积与它在水面上摊开的面积之比,因此,要估测油酸分子的直径,就要解决两个问题:一是获得极小的一滴油酸,并测出其体积;二是测定出这滴油酸在水面上形成的油膜面积。

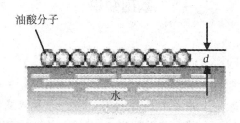

图 2.1.4

2. 如何获得一滴极小的油酸并测定它的体积

配制好一定浓度的油酸酒精溶液(例如 1 mL 油酸加入酒精至 200 ml)。用注射器吸入一定体积的油酸酒精溶液,把它一滴一滴地滴入小量筒中,计下液滴的总滴数,便可估计每一滴溶液的体积。由此,便可以计算出每一滴油酸酒精溶液中含纯油酸的体积。

如果把一滴油酸酒精溶液滴入水面,溶液中的酒精分子将很快进入水中,水面上的油膜便是这滴溶液中的纯油酸所形成的。

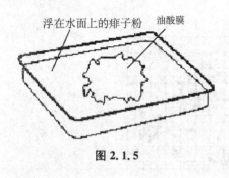

浮在水面上的痱子粉　油酸膜

图 2.1.5

3. 如何测定油膜的面积

如图 2.1.5 所示,先往边长 30～40 cm 的浅盘里倒入约 2 cm 深的水,然后将痱子粉或石膏粉均匀地撒在水面上。用注针器向水面滴入一滴酸酒精溶液,油酸立即在水面上散开,形成一块薄膜。待薄膜形状稳定后,在浅盘上放一块玻璃板,将油酸膜的形状用彩笔描在玻璃板上。

将画有油酸薄膜轮廓的玻璃板放在坐标纸上,计算轮廓范图内正方形的个数(不足半个的舍去,多于半个的计为一个)。这个数目乘以单个正方形的面积就可以得到油酸的面积,这样,根据一滴油酸的体积 V 和油膜的面积 S,就可以算出油膜的厚度 $d = V/S$(即油酸分子的直径)。

【思考与练习】

1. 炒菜时闻到香味,为什么在菜刚做出来时香味更浓?
2. 如果能够把分子一个挨一个地排列起来,大约需要多少个分子才能排到 1 m 的长度?
3. 布朗运动产生的原因是什么?哪些因素对它有影响?
4. 为什么悬浮在液体中的微粒越小,它的布朗运动越明显?

§2.2　自然界中水的循环

问题与现象

我们知道,云、雨、雪、冰等这些都是水,只是形态各异。水无常形,变化万千,无处不在。

水的神奇引发人们去思考,去探索。中国古代传说中水的化身是蛟龙,可腾云驾雾、呼风唤雨,你是否可以体会到古人对水的崇拜与敬畏?能否看出古人关于水的变化的朦胧思考?

水不仅可变成云、雨、雪、冰,而且还可以化为露、霜、雾等。那么它们是怎么进行转化的呢?

基础知识

一、水的变化与循环

实验探究

准备加热器、水壶、钢勺、水杯以及冰块等。

将冰块放入水壶,然后加热,观察冰的变化。不断加热,水沸腾后,戴上手套,并拿勺子靠近壶嘴。

观察可知,在加热过程中冰变成了水。水变成水蒸气,水蒸气又能复原成水。如再将水放入冰箱中,水还可以结冰。

由实验探究可知,水有 3 种状态,分别是固态、液态和气态。水的 3 种状态在一定条件下可以相互转化。

那么,云、雨、雪等又是怎样形成的呢?

如图 2.2.1 所示,太阳照射使地面水温升高,含有水蒸气的热空气快速上升。在上升过程中,空气逐渐冷却,水蒸气凝结成小水滴或小冰晶,形成了云。当云层中的小水滴合并成大水滴时,雨便产生了。假如上空的温度较低,水还能以雪的形式降到地面。现在,你知道水是怎样旅行了吧?

图 2.2.1

二、冰的熔点与水的沸点

自然界中的固体可分为晶体与非晶体两大类:晶体内部的原子按一定规律排列,非晶体内部原子的排列无规则。

冰属于晶体,像冰变水那样,物质从固态变为液态的过程称为**熔化**,晶体开始熔化时的温度称为熔点。当温度升到冰的熔点(也叫冰点)时,水便从固态逐渐变为液态。

水可以变为气。像水变气那样,物质从液态变为气态的过程称为**汽化**。物体的汽化有两种方式:其一为沸腾,沸腾时的温度为沸点;其二为蒸发,是只在液体表面进行的汽化过程。

举例运用

自然界的水源

热带没有积雪,主要水源是降水;寒冷地区的冬季长而积雪深厚,积雪在水源中起主要作用;发源于巨大冰川的河流,冰川融水是首要补给形式。

【阅读与扩展】

水资源的循环和利用

水是人类社会发展不可缺少和不可替代的资源,水资源是人类可持续利用的宝贵资源。地球上水的循环,可分为水的自然循环和水的社会循环。

水的自然循环有多种,对人类最重要的是淡水的自然循环。水从海洋蒸发,蒸发的水气被气流输送到大陆,然后以雨、雪等降水形式落到地面,一部分形成地面水,一部分渗入地下形成地下水,一部分又重新蒸发返回大气。地面水和地下水最终流回海洋,这就是淡水的自然循环。

从如图 2.2.2 所示的水的循环示意图可以得知:污、废水回用可以减少城市由天然水体的取水量,缓

自然水循环　　　　　　　　　　　　　　人工水循环

降水—ET—地表水—地下水—入海　　　　取水—用水—消耗—水处理—回用

(a)　　　　　　　　　　　　　　　(b)

图 2.2.2

45

解水资源危机,所以污、废水回用也是节水的重要方面。可行的污、废水回用有很多种,工业企业内部水的循环利用和重复利用是回用最广的一种,但是我国在这方面与发达国家尚有很大差距。城市污水回用于工业,需要进行比排入天然水体更复杂的水处理,但对水短缺的地区,它仍比较经济合理。城市污水回用在国外已是一种成熟技术,但在我国尚处于起步阶段。将城市污水回用于公用设施和住宅冲洗厕所、浇灌绿地、景观用水、浇洒道路等,很值得推广。

【思考与练习】

1. 简要叙述云、雨、雪、冰的形成过程。
2. 调查当地水资源的状况及利用情况,写一份调查报告,对水资源利用提出合理化建议。

§2.3　液体的表面张力

问题与现象

昆虫为什么会浮在水面上?

基础知识

一、液体的表面张力

凡是液体表面都会有使液体表面积缩小的力,称为**液体表面张力**。

液体表面张力产生的原因是液体跟气体接触的表面存在一个薄层,叫做表面层,表面层里的分子比液体内部稀疏,分子间的距离比液体内部大一些,分子间的相互作用表现为引力。好比你要把弹簧拉开些,弹簧反而表现出具有收缩的趋势。正是因为液体表面具有这种张力的存在,有些小昆虫才能无拘无束地在水面上行走自如。

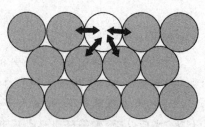

图 2.3.1

二、浸润液体与不浸润液体

首先我们先来了解一下浸润液体与不浸润液体吧。

1. 浸润液体

在洁净的玻璃上滴一滴水,它会附着在玻璃板上形成薄层。把一块洁净的玻璃片浸入水中再取出来,玻璃的表面会沾上一层水。这种液体附着在固体表面上的现象叫做浸润。对玻璃来说水是浸润液体。

同一种液体,对一种固体来说是浸润的,对另一种固体来说可能是不浸润的。例如,水能浸润玻璃,但不能浸润石蜡;水银不能浸润玻璃,但能浸润锌。

把浸润液体装在容器里,例如把水装在玻璃烧杯里,由于水浸润玻璃,器壁附近的液面向上弯曲。

2. 不浸润液体

固体与液体接触时,接触面趋于缩小、液体不能附着在固体上的现象是不浸润现象。例如,水银不能附着在玻璃上,把水银倒入玻璃容器内,水银与玻璃壁接触处的角度大于 90°,表明接触面趋于缩小,即水银不浸润玻璃。水不能附着在石蜡上,说明水不浸润石蜡。

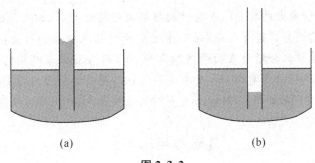

(a)   (b)

图 2.3.2

三、毛细现象

在浸润(或不浸润)情况下,液体沿细微缝隙上升(或下降)的现象,叫做毛细现象。如图 2.3.2 所示,将毛细管插入浸润液体中,管内液面上升,高于管外;毛细管插入不浸润液体中,管内液体下降,低于管外。液体的表面张力越大,缝隙越细,毛细现象越显著。例如,地下水沿土壤上升,脱脂棉花吸取药液等。

那么,毛细现象与哪些因素有关呢?例如,纸吸水时,纸本身的吸水力以及纸的大小、形状都会影响到毛细现象的进行,会产生不同的结果。同时,液体本身的特性也是影响毛细现象的主要原因。如水的温度也会影响到毛细现象的进行,比如,毛细管内的水温越高,水的上升越快,反之,则上升得越慢。而且水温的升高会产生大量的水蒸气,水蒸气也会使毛细现象加速进行。另外当液体分子的内聚力小于其与其他物质之间的吸引力时就会产生毛细现象。例如,水银因其原子之间的内聚力极强,很难有毛细现象发生。

举例运用

液体表面张力的应用举例

1. 吹出超级肥皂泡

用普通方法配制的肥皂液,很难吹出大的肥皂泡。这里教你一招:用小刀把香皂切成小薄片,放入杯子,加热水搅拌溶化,再加入少许砂糖,并放入一包茶,盖上杯盖放一夜。第二天,你就可以用这种皂液吹出超级肥皂泡了,还能把这些泡泡捧在手上玩!

2. 牙膏清洁口腔

用牙膏刷牙时会产生牙膏沫,请注意牙膏沫一旦落在水面上,便会立即向四周散开,可见水的表面张力比牙膏沫的表面张力大。人们就是利用这个原理来清洁口腔的。刷牙前,先用清水漱口,再用牙膏刷牙,这时牙膏液便能在水的表面张力作用下充斥整个口腔,清洁就比较彻底了。

3. 毛细现象的应用

在自然界和日常生活中有许多毛细现象的实例。例如,植物茎内的导管就是植物体内极细的毛细管,它能把土壤里的水分吸上来。

又如,夏天时,人们都愿意选择棉、麻等天然纤维制成的容易吸汗的衣服。棉、麻等用有空隙的细纤维织成,由于毛细作用,汗液可以通过这些空隙"跑"出去。如果用化纤做衣物会感觉很热,这是因为化纤纤维缝隙较少,难以产生毛细现象,不宜吸汗。

再如,手工将纸折成花朵状放入水中,"花朵"会盛开在水面上,说明纸也有毛细现象。因为纸的主要原料是植物纤维,水渗入植物纤维极细的毛细管中,纸开始膨胀,纸花就盛开了。

【阅读与扩展】

荷叶上的水为什么会变成小水珠?

当水滴落在荷叶上时,荷叶与水珠间形成一个大于 90°的接触角,使之聚集成珠状而不扩散。通常,人的皮肤具有轻微疏水性,接触角大约为 $90°$,而荷叶的接触角却接近 $150°$,其表面极度疏水。

荷叶表面除了含有蜡质成分,"荷叶效应"的产生还与荷叶的两种结构有关:一种是微米级的凸起,一种是纳米级的毛状结构。单独只含蜡质表面的接触角为 $74°$,只含有微米结构的荷叶接触角为 $126°$,科学家认为,纳米级的毛状结构使接触角增加 $16°$,含有两种结构的荷叶的接触角为 $142°$。

"荷叶效应"可以用于诸多领域的研究,例如,基于荷叶效应生产的涂料可以方便房屋或建筑物表面的清洁。

【思考与练习】

1. 什么是液体表面的张力? 液体表面张力形成的原因是什么?
2. 为什么用钢笔在油纸上写不出字来?
3. 把毛巾的一角放入水盆中,整条毛巾会慢慢变湿,怎么解释这个现象?

§2.4 液体和液晶

问题与现象

在生活中,人们常说"人往高处走,水往低处流",那么为什么水会自动地向低处流呢? 自然界中除了水以外,还有其他自动向低处流的物体吗?

其实,只要大家仔细观察身边的物体,就会发现,凡是能够流动的液体都具有这样的特点,那么,什么是液体呢?

基础知识

一、液体

水是地球上最常见的液体。液体是物质的 3 个基本状态之一,它没有确定的形状,但有一定的体积,具有移动与转动等运动性。液体由经分子间作用力结合在一起的微小振动粒子(如原子和分子)组成。

和气体一样,液体可以流动,可以容纳于各种形状的容器。与气体不同的是,液体不能扩散布满整个容器,而是有相对固定的密度。液体的表面张力可以导致浸润现象。有些液体不易被压缩,而有些可以被压缩。液体的密度通常接近于固体,而远大于气体。因此,液体和固体都为凝聚态物质。另一方面,液体和气体都可以流动,都可被称为流体。

虽然液态水在地球上很丰富,但在已知的宇宙中,液态并不是最常见的物态。因为液体的存在需要相对较窄的温度和压力范围。宇宙中最常见的物态是气体(如星际云气)和等离子体(如恒星)。

二、液体压强

为什么水坝上窄下宽? 为什么潜水员下水要穿潜水服? 这些事都与液体的压强有关。

实验探究

如图 2.4.1 所示,在一个空纸盒的侧面扎 3 个大小一样的孔:一个孔在接近盒底的位置,一个孔居中,另一个孔在接近盒的上部位置。用一条透明胶带把 3 个孔封住,盒中加满水。把盒子放在水池旁边,孔面对着水池,把胶带撕开进行观察。

通过实验我们发现:液体内部向各个方向都有压强,压强随液体深度的增加而增加,同种液体在同一深度的各处,各个方向的压强大小相等。不同的液体,在同一深度产生的压强大小与液体的密度有关。密

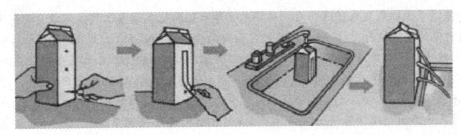

图 2. 4. 1

度越大,液体的压强越大。液体压强的大小为

$$P = \rho g h$$

三、液晶

1888 年,奥地利植物学家莱尼茨尔合成了一种白浊有黏性的有机化合物,它有两个熔点:把它加热到 145℃时,便熔成液体,只不过是浑浊的,而一切纯净物质熔化时却是透明的;如果继续加热到 175℃,它似乎再次熔化,变成清澈透明的液体。后来,德国物理学家发现这种白浊物质具有多种弯曲性质,认为这种物质是流动性结晶的一种,由此而取名为液晶。

液晶是相态的一种,因为其特殊的物理、化学、光学特性,20 世纪中叶开始被广泛应用在轻薄型的显示技术上。人们熟悉的物质状态(又称相)为气态相、液态相、固态相,较为生疏的是电浆和液晶。液晶相要具有特殊形状分子组合始会产生,它们可以流动,又拥有结晶的光学性质。液晶的定义,现在已放宽,从而囊括了在某一温度范围可以实现液晶相,在较低温度为正常结晶的物质。而液晶的组成物质是一种有机化合物,也就是以碳为中心所构成的化合物。同时具有两种物质的液晶,是以分子间力量组合的特殊的光学性质,对电磁场敏感,有极高的实用价值。

液晶是介于液态与结晶态之间的一种物质状态。它除了兼有液体和晶体的某些性质(如流动性、各向异性等)外,还有其独特的性质。

液晶材料主要是脂肪族、芳香族、硬脂酸等有机物。液晶也存在于生物结构中,日常适当浓度的肥皂水溶液就是一种液晶。目前,由有机物合成的液晶材料已有几千种之多。由于生成的环境条件不同,液晶可分为两大类:只存在于某一温度范围内的液晶相称为热致液晶;某些化合物溶解于水或有机溶剂后而呈现的液晶相称为溶致液晶。溶致液晶和生物组织有关,研究液晶和活细胞的关系,是现今生物物理研究的内容之一。

液晶的分子有盘状、碗状等,但多为细长棒状。根据分子排列的方式,液晶可以分为近晶相、向列相和胆甾相 3 种,其中向列相和胆甾相应用最多。

举例运用

液晶显示材料最常见的用途是各种电子仪器设备的显示,液晶的显示原理是怎样的呢? 原来这种液态光电显示材料,利用液晶的电光效应把电信号转换成字符、图像等可见信号。液晶在正常情况下,其分子排列很有秩序,显得清澈透明,一旦加上直流电场后,分子的排列被打乱,一部分液晶变得不透明,颜色加深,因而能显示数字和图像。

【阅读与扩展】

液晶的商业用途

1961 年,美国 RCA 公司普林斯顿试验室有一个年轻学者正在准备博士论文的答辩。为了研究外部电场对晶体内部电场的作用,他将两片透明导电玻璃之间夹上掺有染料的向列液晶。当在液晶层的两面施加几伏电压时,液晶层由红色变成了透明态。从事电子学研究的他立刻意识到这不就是彩色平板电视吗?

RCA 公司对他的研究极为重视,一直将其列为企业的重大机密项目,直到 1968 年才在一项最新科技成果面世时进行报道。这一报道立刻引起了日本科技界、工业界的重视。日本将当时正在兴起的大规模集成电路与液晶相结合,以"个人电子化"市场为导向,很快开发出一系列商品化产品,打开了液晶显示实用化的局面并掌握了主动,致使这一发展势头促成日本微电子业的惊人发展。而在美国 RCA 公司中一些生产部门的负责人一方面局限于传统的半导体产品,一方面又过分强调了"初出茅庐"的液晶显示器件的缺点,以市场还未开拓为借口,极力阻止液晶显示的产业化。为此,液晶研究小组成员外流,液晶显示专利也被卖出。据说,当 20 世纪 70 年代中期液晶显示已经形成一个产业的时候,RCA 公司在一次董事会上沉痛地总结,在 RCA 百年发展历史上液晶显示技术的流失是一次巨大的失误。

【思考与练习】

1. 液体具有哪些特性? 影响液体压强大小的因素有哪些?

2. 液晶有哪些作用? 液晶电视与传统的电视比较有哪些优点?

3. 一个底面积为 20 cm² 的玻璃容器,内盛 400 ml 的水,容器内水深 15 cm,容器置于 100 cm² 的水平桌面上,若容器自身重 1 N,容器底受到的压力和压强各是多少?

§2.5 气体的性质和作用

问题与现象

我们生活的地球是一个蔚蓝色的星球,厚厚的气体包围着坚实的土地,养育并保护着地球上的生命。这厚厚的气体人们通常称为大气层,它的厚度大约有几百千米,主要由氮气、氧气等多种气体组成。其中,大部分气体分布在距离地球表面几十千米厚度的范围内,这些气体都有些什么样的性质和作用呢?

基础知识

一、气体

实际上气体是物质的一个态。气体与液体一样是流体:它可以流动,可以变形。与液体不同的是,气体可以被压缩。假如没有限制(比如容器),气体可以扩散,其体积不受限制。组成气态物质的原子或分子相互之间可以自由运动。气态物质的分子运动速度快,从而动能比较高。

气体有实际气体和理想气体之分。理想气体被假设为气体分子之间没有相互作用力,气体分子自身体积可以忽略。当实际气体压力不大,分子之间的平均距离很大,气体分子本身的体积可以忽略不计,温度又不低,导致分子的平均动能较大,分子之间的吸引力相比可以忽略不计,实际气体的行为就十分接近理想气体,可当作理想气体来处理。气体分子间空隙大,分子运动速率很大;除了碰撞的瞬间外,相互作用力微弱。

二、气体的性质

(1) 扩散性。当把一定量的气体充入真空容器时,它会迅速充满整个容器空间,而且均匀分布,少量气体可以充满很大的容器,不同种气体可以以任意比例均匀混合。

（2）可压缩性。当对气体加压时,气体体积缩小,原来占有较大体积的气体,可以压缩到体积较小的容器中。

三、气体的分类

在国家标准《瓶装压缩气体分类》中,气体又可分为永久气体、液化气体、溶解气体等。

（1）永久气体:临界温度小于－10℃的气体为永久气体。永久气体在气瓶内的状态为单一气相,又因在常温下该类气体不可能被液化,所以称为永久气体。

（2）液化气体:临界温度大于或等于－10℃的气体为液化气体。液化气体又可分为高压液化气体和低压液化气体。

（3）溶解气体:在一定的压力下,溶解于气瓶内溶剂中的气体。乙炔气体在常温下加压极易液化,但由于加压乙炔气的热力学性质很不稳定,只要稍给能量（如震动、碰撞等）就会很容易发生聚合和分解反应,并导致气体爆炸。为此,人们经过大量实验,发现使大量的乙炔气体（作为溶质）溶解于丙酮（作为溶剂）之中,能使溶解于丙酮中的乙炔气体均匀分散在多孔物质之中,这样可以有效避免乙炔气体的积聚（避免聚合和分解反应）,从而达到安全充装、储存和运输。

（4）混合气体:混合气体是指由两种或两种以上的纯气体,根据使用的要求并按一定比例配制而成的。混合气体可有二元混合气体或多元混合气体。

四、理想气体定律

在恒温条件下压缩一定量气体时,气体体积的改变取决于气体的初始体积以及初始压力与最终压力的比值,而与所用气体的种类无关。同样,将一定量气体在恒压条件下加热,由此所引起的体积增加也与气体试样的性质无关。在通常条件下（压力约在 1 个大气压量级范围内）,气体所显示的体积—压力—温度的关系可用若干关系式描述。这些关系式中最重要的就是理想气体定律,理想气体定律是一个用来描述气体 3 个状态参量（压强、体积、温度）之间关系的方程式,可以表示为

$$PV = CT$$

式中 P 是压强,V 是体积,T 是以热力学（开尔文）温标表示的气体的绝对温度,C 是比例常数。其中,T 与摄氏温度 t 的关系为

$$T = t + 273$$

五、大气压强

在大气层里,下边的空气被上边的空气所压,地球被整个大气层所压,空气有质量,在地球引力的作用下会在所作用的面积上产生压强。这种压强称为大气压强,简称气压。

实验探究　空气的"力量"

取两个挂东西用的吸盘,如图 2.5.1 所示挤出吸盘内部的空气,然后拉开吸盘。发现拉开吸盘要用不小的力。这是为什么？你能科学地解释它吗？

图 2.5.1

六、大气压的变化

大气压强的大小并非一成不变,其大小与海拔高度有关。为了便于对比,人们通常把 760 mm 汞柱产生的压强,也就是 1.013×10^5 Pa 的大气压叫做 1 个标准大气压。

在海平面附近,大气压强约为 1 个标准大气压。离地面越高,空气越稀薄,那里的大气压就越小。高山上的大气压低,水的沸点会低于 100℃。例如,珠穆朗玛峰的海拔为 8.848 km,水的沸点为 73.5℃,所以食物很难煮熟,而高压锅则可以解决这一困难。高压锅坚固而且能盖紧,能使锅内的水蒸气压强比外界大气压高,于是水的沸点就可以提高,食物也就可以很快煮熟。

知道了大气压强和高度的关系,人们还可以根据大气压强的大小来判断当地的高度。

举例运用

怎样才能测量大气压强的大小呢？

1644年,伽利略的学生托里拆利及同伴通过实验第一次测出了大气压强的大小。如图2.5.2所示,托里拆利的实验方法是这样的:

（1）取一根长约1 m、一端封闭的玻璃管;

（2）将玻璃管灌满汞液,用手指堵住管口倒插在汞液槽中;

（3）放开堵管口的手指,让管内的汞柱流下。

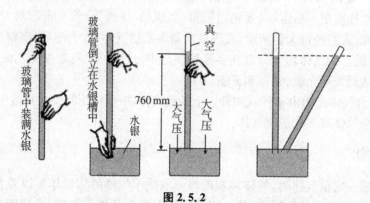

图2.5.2

实验结果发现:玻璃管内汞柱下降一段后就不再下降了。经测量,管内外汞柱面的高度差约为760 mm。这是因为玻璃管内部没有空气,随着汞柱的下降,管内汞柱上方形成真空,而管外汞面受到大气压强,正是大气压强支持玻璃管内760 mm高的汞柱。也就是说,此时的大气压强跟760 mm高汞柱产生的压强正好相等。

这就是历史上著名的托里拆利实验。

**【阅读与扩展】**

马德堡半球实验

17世纪时德国有一个热爱科学的市长,名叫奥托·冯·格里克。

他1631年入伍,在军队中担任军械工程师。后来投身政界,1646年当选为马德堡市市长。无论在军旅中,还是在市府内,他都爱好读书,爱好科学,没停止科学探索。1654年,他听说还有许多人不相信大气压,还听到有少数人在嘲笑托里拆利,听说双方的争论十分激烈,互不相让,针锋相对。格里克虽在远离意大利的德国,但很是不平。他找来玻璃管和水银,重新做了托里拆利实验,断定实验准确无误。他将一个密封完好的木桶中的空气抽走后,木桶就"砰"地被大气"压"碎了!有一天,他和助手做成两个半球,直径约37 cm,并请来一队人马在市郊做起大型实验。

1654年5月8日的这一天,美丽的马德堡市风和日丽,晴空万里,一大群人围在实验场地,人们在议论、在争论、在预言,还有人一边从大街小巷赶往实验场地,一边还高声大叫:"市长表演马戏了!市长表演马戏了!"

格里克和助手当众把这两个黄铜的半球壳中间垫上橡皮圈,再把两个半球壳灌满水后合在一起,然后把水全部抽出,使球内形成真空,最后,把气嘴上的龙头拧紧封闭。这时,周围的大气把两个半球紧紧地压在一起。

格里克一挥手,4个马夫牵来16匹高头大马,在球的两边各拴8匹。格里克一声令下,4个马夫扬鞭催马、背道而拉！4 个马夫,16 匹大马,浑身是汗,但是,铜球仍是原封不动。

格里克只好摇摇手暂停。然后,左右两边增人加马,格里克再一挥手,实验场地更是热闹非常。32 匹大马,死劲抗拉,8 个马夫在大声吆喝,挥鞭催马……实验场上的人群,更是伸长脖子。突然,"啪"的一声巨响,铜球终于分成原来的两半。格里克举起这两个重重的半球,向大家高声宣告:

"先生们！女士们！市民们！你们该相信了吧！大气压是有的,大气压力大得这样厉害！这么惊人！……"实验结束后,仍有人不理解这两个半球为什么拉不开,格里克又耐心地解释:"平时,我们将两个半球紧密合拢,无须用力,就会分开。这是因为球内和球外都有大气压力的作用,相互抵消平衡,就好像没有大气作用。今天,我们把它抽成真空后,球内没有向外的大气压力,只有球外的大气紧紧地压住这两个半球……"。

【思考与练习】

1. 气体有哪些性质?
2. 高压锅的工作原理是什么? 在哪些地方做饭必须使用高压锅?

第3章

有趣的光现象

光现象是一种重要的物理现象。我们能够看到世界上丰富多彩的景象,就是因为眼睛接收到了光。据统计,人类通过感觉器官接收到的信息中,有90%以上是通过眼睛得来的。光现象与人类的学习、研究、生活、生产密切相关。

§3.1 常见的光现象

问题与现象

在实际生活中,有很多有趣而奇妙的光现象,大到吸引众人注意力的日食、月食,小到小朋友喜欢的肥皂泡上的彩色图案。只要你留心,随时都能发现自己身边无处不在的光现象。不过,你有没有思考过它们形成的原因呢?

基础知识

一、光源

能够自主发光的物体叫做光源。太阳、恒星、萤火虫等是天然光源,而蜡烛、日光灯、发光二极管等则属于人造光源。光源是把其他形式的能最转化为光能的物体或装置。

许多光源是在高温下把一些内能转化为光能而发光的,这种光源叫做热辐射光源,简称热光源。如图3.1.1所示,太阳,白炽灯、火炬是热光源,而像日光灯、霓虹灯、萤火虫等光源在较低温度下把电能或内能转化为光能,这种不是由于发热而发光的光源,叫做冷光源。

二、发光效率

一只40 W的日光灯看起来要比一只40 W的白炽灯明亮得多,这表明不同的电光源消耗相等的电能,发出的光能不同。这种情况下,我们说日光灯的发光效率比白炽灯高。

三、色温

白光可以看成由红、绿、蓝三基色按一定比例组成,随着三基色比例的不同,"白"的程度也发生相应变化。实际上,白炽灯发的光不是真正的白色,光的颜色会随着灯丝温度的不同而发生变化。温度低时呈红色,温度升高时,灯色变橙再变黄,当灯丝的温度达到3 000 K时发白光,但是这种白光仍比日光灯黄。如果灯丝的温度达到5 500 K而不烧毁,它所发出的光就相当于日光。可见,热光源发光的颜色与它的温度有关,我们就用"色温"来表示光源发出的光的颜色。色温仅用于描述光源的光辐射特性。对于冷光源来说,如果光色与某一温度下的热辐射光色最为接近,这一温度就称为该光源的色温。

显然,在白炽灯下观看到的物体的颜色与在日光下不同,所以有"灯下不观色"之说。尤其在彩色摄影和摄像时,光源的色温显得十分重要。

四、光的直线传播

打开电灯我们看见了光,这是由于光从灯泡到达了我们的眼睛,那么光的传播有哪些特点?

在夜晚我们用一只激光笔发光,会发现:光在传播时的路径是直线。在开凿大山隧道时,工程师们常用激光束引导掘进机,使掘进机沿直线掘进,以保证隧道方向不出偏差。

所以,**光在同种均匀介质中沿直线传播**。光的直线传播实例有小孔成像、影子的形成、日食和月食等。

五、小孔成像

一个带有小孔的板遮挡在屏幕与物间,屏幕上就会形成物的倒像,我们把这样的现象叫小孔成像。如图 3.1.1 所示,前后移动中间的板,像的大小也会随之发生变化。这种现象反映了光沿直线传播的性质。

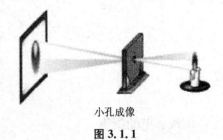

小孔成像

图 3.1.1

六、光的反射

光遇到水面、玻璃以及其他许多物体的表面都会发生反射。如图 3.1.2 所示,光在传播到不同物质时,在分界面上改变传播方向又返回原来物质中的现象叫光的反射。

(a)　　　　　　　　　(b)

图 3.1.2

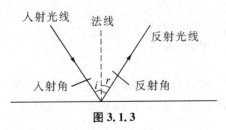

图 3.1.3

如图 3.1.3 所示,光的反射定律:在光的反射中,反射光线与入射光线、法线在同一平面上;反射光线和入射光线分居在法线的两侧;反射角(反射光线与法线的夹角)等于入射角(入射光线与法线的夹角)。

光的反射定律由法国土木工程学家兼物理学家菲涅耳(1788—1827)提出,他发现了反射/折射与视点角度之间的关系,因此,光的反射又称为菲涅尔反射。如果你站在湖边,低头看脚下的水,你会发现水是透明的,反射不是特别强烈;如果你看远处的湖面,你会发现水并不是透明的,反射非常强烈。这就是"菲涅尔效应"。在真实世界中,除了金属之外,其他物质均有不同程度的"菲涅尔效应"。

七、漫反射与镜面反射

投射在粗糙表面上的光向各个方向反射的现象是漫反射。当一束平行的入射光线射到粗糙的表面时,表面会把光线向四面八方反射,所以入射光线虽然互相平行,但由于各点的法线方向不一致,造成反射光线向不同的方向无规则地反射,这种反射称为漫反射或漫射,这种反射的光称为漫射光。很多物体,如植物、墙壁、衣服等,其表面粗看起来似乎很平滑,但用放大镜仔细观察,就会看到其表面凹凸不平,所以本来是平行的太阳光被这些表面反射后,弥漫地射向不同方向。

所以,漫反射是指入射光线是平行光线时,反射到粗糙的物体上,反射光线向各个方向射出。一束平行光射到平面镜上,反射光是平行的,这种反射叫做镜面反射。图 3.1.4 是漫反射与镜面反射的示意图。

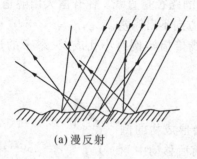

(a) 漫反射　　　　　　　　　　(b) 镜面反射

图 3.1.4

八、光的折射

如图 3.1.5 所示,一个装水的玻璃杯放在桌面上,把一支铅笔放入玻璃杯中。透过玻璃望去,会发现铅笔好像被折断一样,铅笔的上半部和下半部错开了。这是为什么呢?

原来,光线从玻璃的一面斜射进来时,发生了一次折射,从另一面射出时又发生了一次折射,因为玻璃的两个表面平行,光线折射两次以后,方向仍然不变,只是向侧面平移了一段距离,所以,铅笔的上半部和下半部错开了一段距离,看上去好像折断了一样。这就是光的折射。

图 3.1.5

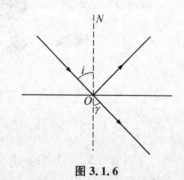

图 3.1.6

光的入射角与折射角(折射光线与法线的夹角)之间究竟是什么样的定量关系呢? 1621 年,荷兰数学家斯涅耳找到了入射角与折射角之间的规律:**入射角 i 的正弦跟折射角 γ 的正弦成正比**,如图 3.1.6 所示。结合观察得到的结论,光的折射定律可表述如下:

折射光线与入射光线和法线在同一平面内,折射光线和入射光线分居法线的两侧,入射角的正弦与折射角的正弦成正比。如果用 n 表示这个比例常数,就有

$$\frac{\sin i}{\sin \gamma} = n$$

比例常数 n 跟介质有关,它是一个反映介质光学性质的物理量。物理学中把光从真空射入某种介质发生折射时,入射角 i 的正弦与折射角 γ 的正弦之比,叫做这种介质的**折射率**。折射率 n 的大小说明了光线从真空射入介质时,介质对光线的偏折程度。其值越大,偏折程度越大;其值越接近于 1,偏折程度就越小。表 3.1.1 给出了几种介质的折射率。

表 3.1.1　几种介质的折射率

材料	折射率	材料	折射率
金刚石	2.42	二硫化碳	1.63
玻　璃	1.5～1.9	甘　油	1.47
树　脂	1.5～1.8	酒　精	1.36
水　晶	1.55	水	1.33
冰	1.31	空　气	1.000 28

研究表明,光在不同介质中的速度不同。这与光的折射现象有密切关系。某种介质的折射率,等于光在真空中的传播速度 c 与光在介质中的传播速度 v 之比,即

$$\frac{c}{v} = n$$

九、全反射

在生活中,我们还会遇到一类很特殊的反射——全反射。什么是全反射呢? 我们先来看个例子。

清晨,我们经常看到叶片上有很多露珠。同样是水组成的,但是露珠比池塘里的水明亮很多。这就是因为光线通过露珠发生了全反射的缘故。一般,光在两种介质交界面处既要发生反射,同时还要发生折射。但在一定条件下,当光射到两种介质界面时,只产生反射而不产生折射,这种特殊的现象就叫全反射。产生全反射的条件如下:

(1) 光必须由光密介质射向光疏介质;

(2) 入射角必须大于临界角 C(临界角是折射角为 90°时对应的入射角)。

所谓的光密介质和光疏介质是相对的,两物质相比,折射率较小的就为**光疏介质**,折射率较大的就为**光密介质**。例如,水的折射率大于空气,所以相对于空气而言,水就是光密介质,而玻璃的折射率比水大,所以相对于玻璃而言,水就是光疏介质。

举例运用

1. 全反射的应用

我们经常听说的光纤、医院为病人检查用的胃镜,都是全反射的典型应用。

(1) 光纤。光纤是光导纤维的简称,它利用光在玻璃或塑料制成的纤维中发生全反射的原理制成。人们设计制造了一种透明度很高、粗细像蜘蛛丝一样的玻璃丝——玻璃纤维,当光线以合适的角度射入玻璃纤维时,光就沿着弯弯曲曲的玻璃纤维前进。由于这种纤维能够用来传输光线,所以称它为光导纤维(如图 3.1.7)。

图 3.1.7

光导纤维可以用在通信技术领域。1979 年 9 月,一条 3.3 km 的 120 路光缆通信系统在北京建成,几年后上海、天津、武汉等地也相继铺设了光缆线路。利用光导纤维进行的通信叫光纤通信。一对金属电话线至多只能同时传送 1 000 多路电话,根据理论计算,一对细如蛛丝的光导纤维可以同时通一百亿路电话! 铺设 1 000 km 的同轴电缆大约需要 500 t 铜,改用光纤通信只需几公斤石英就可以了。沙石中就含有石英,资源相当丰富。

另外,利用光导纤维制成的内窥镜(如图 3.1.8),可以帮助医生检查胃、食道、十二指肠等疾病。光导纤维胃镜是由上千根玻璃纤维组成的软管,它有输送光线、传导图像的本领,又有柔软、灵活,可以任意弯曲等优点,可以通过食道插入胃里。光导纤维把胃里的图像传出来,医生就可以窥见胃里的情形,然后根

图 3.1.8 　　　　　　　　　　　　　　　　　图 3.1.9

据情况进行诊断和治疗。

2. 观察光的折射（验证实验）

如图 3.1.9 所示在方形玻璃缸注入适量的水,将一幅画有相互垂直十字线段的塑料板竖立插入水中,并使水平线与水面重合。

让激光笔发出的光斜射向水面,移动激光笔,直至入射光线掠过塑料板射在水面上,水中的折射光线是否也掠过了塑料板?

移动塑料板,使塑料板上十字线段的交点与入射光线的入射点重合,观察折射光线跟入射光线和法线的关系。

比较入射角和折射角的大小。固定塑料板并增大入射角,观察折射角的变化。

从观察到的现象可以知道,折射光线与入射光线和法线在同一平面内,折射光线和入射光线分别位于法线的两侧;入射角越大,折射角也越大。

【阅读与扩展】

光 源 性 污 染

1. 光源

（1）热辐射高压光源。白炽灯是爱迪生于 1879 年首先试制成功的。他选择熔点高的碳制成碳丝,密封在抽成真空的玻璃管内,通以电流后碳丝就发热发光。由于碳易挥发,工作温度不能超过 2 100 K。后来,选用熔点稍低于碳、但不易挥发的钨做材料,工作温度可达 2 400 K,从而提高了发光效率。现代热辐射的新光源有碘钨灯、溴钨灯,发光效率还要高。

（2）气体放电光源。气体放电光源是利用电子在两电极间加速运行时,与气体原子碰撞,被撞的气体原子受激,把吸收的电子动能又以辐射发光的形式释放出来,这叫做电致发光。不同气体受激发光的频率不同,所以可以制成各种颜色的霓虹灯。

（3）动物发光。萤火虫的发光,是荧光素在催化下发生的一连串复杂生化反应,而光即是这个过程中所释放的能量。绝大多数种类的萤火虫是雄虫有发光器,而雌虫无发光器或发光器较不发达。它的发光器由发光细胞、反射层细胞、神经与表皮等组成。虽然发出的只是微弱的光芒,在黑暗中却让人感觉相当明亮。

萤火虫发出的光人们称为冷光,这是一种较为理想的光源,即使遇到风或水也不会熄灭。萤火虫发光有两个目的:第一是雌雄之间相互吸引追逐;第二是为了吓退敌人。萤火虫发光的间隔时间除了因其种类不同而有所不同,还与吸氧数量多少有关。

（4）太阳光。太阳通过热核聚变发光发热,即靠燃烧集中于核心处的大量氢气而发光,平均每秒钟要消耗掉 600 万吨氢气。就这样再燃烧 50 亿年以后,太阳将耗尽它的氢气储备,然后核区收缩,核反应将扩展发生至外部,那时它的温度可高达 1 亿多度,恐怕会导致氦聚变的发生。

2. 光污染

光污染是指过量的可见光辐射或非可见光(紫外线、红外线)辐射对人的健康、生活和工作环境造成不良影响的现象。国际上又将**光污染**分为白亮污染、人工白昼和彩光污染**3**种。有关专家指出,这一污染源有可能成为21世纪直接影响人类身体健康的又一环境杀手。目前,世界各国全面、系统的光污染研究均在起步阶段,光污染的认定缺乏相应的立法标准和可供参照的环境标准。同时,它对人体的影响也不易在短时间内为人们所察觉。

这里我们集中讲述白亮污染,那么,究竟什么是白亮污染呢?

白亮污染主要是指白天阳光照射强烈时,城市里建筑物的玻璃幕墙、釉面砖墙、磨光大理石和各种涂料等装饰反射光线,明晃白亮、眩光夺目。近些年来,玻璃幕墙作为一种新型的装饰材料,正越来越多地被广泛采用。不少豪华写字楼、商厦、酒店的外装饰就采用了大面积的玻璃幕墙。殊不知,在这些建筑物美观、华丽的外表背后,却对人类的健康隐藏着许多危害。

白亮污染对人类的健康可造成哪些危害呢?

在阳光明媚的季节,室外建筑物的玻璃幕墙会将强烈的太阳光反射到附近居民楼房内,使室温升高,影响人们的正常生活。有些玻璃幕墙呈半圆形,造成反射光汇聚,甚至容易引起火灾。而专家研究发现,长时间在白色光亮污染环境下工作和生活的人们,如烈日下驾车行驶的司机、骑自行车的路人以及坐公交车的乘客等都会出其不意地遭到玻璃幕墙反射光的突然袭击,其视网膜和虹膜都会受到不同程度的损害,视力会急剧下降,白内障的发病率可高达45%,并且很容易诱发车祸。据科学测定:一般白粉墙的光反射系数为69%～80%,镜面玻璃的光反射系数为82%～88%,特别光滑的粉墙和洁白的书簿纸张的光反射系数高达90%,与草地、森林或毛面装饰物面相比,它们都要高10倍左右,这个数值大大超过了人体所能承受的生理适应范围,构成了现代社会新的污染源。

同时,疾驶中的车窗、路边的广告牌等发出的反射光线都会不同程度地造成人们的视觉污染,而这已经严重威胁到了人类的健康生活及工作效率,每年给人们造成了大量的经济损失。为此,关注视觉污染和改善视觉环境已势在必行。专家预计,由光污染引发的视环境保护技术的研究、开发护眼产品等将会是21世纪的一大热点,将逐渐形成一个前景广阔的新兴产业,也将产生巨大的经济效益和社会效益。

白亮污染除了造成人们视觉的污染及损害之外,还可导致人体内正常细胞的衰亡,出现血压升高、心急燥热,产生头昏心烦,甚至发生失眠、食欲下降、情绪低落、身体乏力等类似神经衰弱的症状。

【思考与练习】

生活中我们可以遇到很多利用光的反射的例子。请思考一下如何解释下面的问题:

(1) 为什么放电影必须挂银幕?

(2) 为什么教室里的黑板不能用太光滑的材料?

(3) 手电的灯光是靠什么会聚的?

(4) 皮鞋为什么越擦越亮?

§3.2　日食和月食

问题与现象

影子在生活中极常见,大家知道影子是如何形成的吗? 同时,在天文学上有时会出现壮观的日食和月食现象,日食和月食又是如何形成的呢?

基础知识

一、影的形成

光在传播过程中遇到不透明物体时，在背光面的后方形成没有光线到达的黑暗区域，称为不透明物体的**影**。

影可分为**本影**和**半影**，如图 3.2.1 所示。在本影区内看不到光源发出的光，在半影区内看到光源发出的部分光。本影区的大小与光源的发光面大小及不透明物体的大小有关。发光体越大，遮挡物越小，本影区就越小。

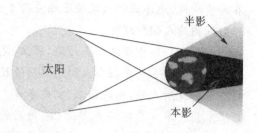

图 3.2.1

二、日食的形成

日食是月球运动到太阳和地球中间，如果三者正好处在一条直线时，月球就会挡住太阳射向地球的光，月球身后的黑影正好落到地球上，这时发生日食现象。在地球上月影里（月影：月亮投射到地球上产生的影子）的人们开始看到阳光逐渐减弱，太阳面被圆的黑影遮住，天色转暗，全部遮住时，天空中可以看到最亮的恒星和行星，几分钟后，从月球黑影边缘逐渐露出阳光，开始发光、复圆。由于月球比地球小，只有在月影中的人们才能看到日食。如图 3.2.2 所示，月球把太阳全部挡住时发生日全食，遮住一部分时发生日偏食，遮住太阳中央部分发生日环食。

发生日全食的延续时间不超过 7 min 31 sec。日环食的最长时间是 12 min 24 sec。法国的一位天文学家为了延长观测日全食的时间，他乘坐超音速飞机追赶月亮的影子，使观测时间延长到了 74 min。

我国有世界上最古老的日食记录，公元前一千多年已有确切的日食记录。

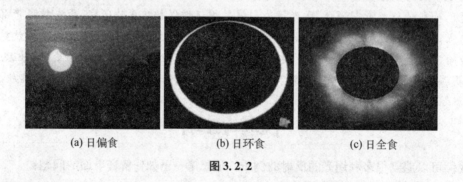

(a) 日偏食　　　　　　(b) 日环食　　　　　　(c) 日全食

图 3.2.2

三、月食的形成

月食是一种特殊的天文现象，指当月球运行至地球的阴影部分时，在月球和地球之间的地区会因为太阳光被地球所遮蔽，就看到月球缺了一块。也就是说，此时的太阳、地球、月球恰好或几乎在同一条直线，地球在太阳与月球之间，因此从太阳照射到月球的光线，会被地球所掩盖。以地球而言，当月食发生的时候，太阳和月球的方向会相差180°。古代月食记录有时可用来推定历史事件的年代。月食可分为月偏食和月全食两种。当月球整个都进入本影时，就会发生月全食；但如果只是一部分进入本影时，则只会发生月偏食。

在月全食时，月球并不是完全看不见的，这是由于太阳光在通过地球的稀薄大气层时受到折射进入本影，投射到月面上，可以看到月面呈现红铜色。

举例运用

2009 年 7 月 22 日，太阳照常升起，但这一天的太阳又是如此特殊。22 日清晨，上至国际知名的天体物理学家,下到普通的黎民百姓,数万人纷纷涌向印度北部小镇塔尔格那,争相目睹日食盛况。而在亚洲其他地区,日食所到之处同样受到当地民众密切关注,观看此次天文奇观的人数有望创造亚洲各国争观日食的历史之最。对于中国人来说,这更是 500 年一遇的奇观。从青藏高原小城错那到茫茫东海的舟山群岛,从北部小城漠河到海南的天涯海角,记者万里追日,记录下了这千载难逢的壮美时刻。

全食最长持续时间为 6 min 38.8 sec,是 21 世纪全食持续时间最长的一次,这一纪录要在 2132 年 6 月 13 日才会被超越。

【阅读与扩展】

日 食

1. 日食食相

日全食发生时,根据月球圆面同太阳圆面的位置关系,可分成 5 种食相。要注意的是天空方向与地图东西方向相反。

(1) 初亏。月球比太阳的视运动走得快,日食时月球追上太阳。月球东边缘刚刚同太阳西边缘相"接触"时叫做初亏,是第一次"外切",是日食的开始。

(2) 食既。食既发生在初亏之后大约 1 h。从初亏开始,月亮继续往东运行,太阳圆面被月亮遮掩的部分逐渐增大,阳光的强度与热度显著下降。当月面的东边缘与日面的东边缘相内切时,称为食既。食既是日全食(或日环食)的开始。对日全食来说,这时月球把整个太阳都遮住了;对日环食来说,这时太阳开始形成一个环。日食过程中,月亮阴影与太阳圆面第一次内切时二者之间的位置关系,也指发生这种位置关系的时刻。

(3) 食甚。食甚是太阳被食最深的时刻,月球中心移到太阳中心最近。日偏食过程中,太阳被月亮遮盖最多时,两者之间的位置关系;日全食与日环食过程中,太阳被月亮全部遮盖而两个中心距离最近时,两者之间的位置关系。也指发生上述位置关系的时刻。

(4) 生光。月球西边缘和太阳西边缘相"内切"的时刻叫生光,是日全食的结束。从食既到生光一般只有两三分钟,最长不超过七分半钟。

(5) 复圆。生光后大约 1 h,月球西边缘和太阳东边缘相"接触"的时刻叫做复圆,从这时起月球完全"脱离"太阳,日食结束。

日全食与日环食都有上述 5 个过程,而日偏食只有初亏、食甚、复圆 3 个过程。

2. 日全食的天文意义和价值

日全食之所以受重视,最主要的原因是它的天文观测价值巨大,科学史上利用日全食的机会做出许多重大的天文学和物理学发现。最著名的便是 1919 年的一次日全食,证实了爱因斯坦广义相对论的正确性。爱因斯坦 1915 年发表了在当时看来极其难懂、也极其难以置信的广义相对论,这种理论预言光线在巨大的引力场中会"拐弯"。人类能接触到的最强的引力场就是太阳,可是太阳本身发出很强的光,远处的微弱星光在经过太阳附近时是不是"拐弯",根本就看不出来。但如果发生日全食,挡住太阳光,就可以测量出光线拐没拐弯和拐了多大的弯。机会出现在 1919 年,但日全食带在南大西洋。英国天文学家爱丁顿带着一支好奇心极强的观测队出发了,观测结果与爱因斯坦事先计算的结果十分吻合,由此相对论得到世人的承认。

在中国发生了几次日全食,一次是在 1980 年,只有中缅边境云南瑞丽地区可见;另一次是在 1997 年春节之后,在中俄边境、中国最北端的漠河可见。当时,世界各国的天文学家和天文爱好者,把平时人迹罕至的北疆小镇挤得比过年还热闹,由于人数大大超出小镇的接待能力,人们只能宿营在火车和汽车上。当时那里还是冬天,白天气温零下 25℃ 左右,夜里能到零下 40℃,滴水成冰,人们连洗脸漱口的水都找不到。尽管如此,观测者们没有一个后悔的,没有一个不兴奋异常的,都把亲眼看到日全食当成人生中不可多得的珍贵记忆。

日全食之类的天文现象,要说与人们的日常生活、吃喝拉撒,确实没有什么直接关系。但是,它代表了对大自然的一种极度热爱,代表了对支配万事万物的自然铁律的一种永恒好奇和敬畏。

【思考与练习】

1. 如何运用日食、月食知识,破除类似"天狗吃月"的迷信说法?
2. 日食和月食现象的实质是什么?

§3.3 神 奇 的 镜 子

问题与现象

在《西游记》中,一位神仙有一面神通广大的镜子——照妖镜,不管妖怪如何变化,只要让这个镜子照一下,就能显出原型。这是神话中的镜子,在现实生活中镜子又扮演着什么样的角色呢?

基础知识

镜子是一种表面光滑,具有反射光线能力的物品。镜子一般分为面镜和透镜两类,面镜又分为平面镜和球面镜两类。除日常生活中使用之外,镜子也常用于望远镜、激光、工业器械等仪器上。"镜子家族"成员众多,作用也各不相同,制作镜子的材料也很多。严格意义上的镜子指的就是面镜,面镜都是不透光的,所以只能反射光。

一、平面镜

一般定义的镜子指表面平整且能够成像的物体。我们把反射面呈光滑平面的镜子叫作平面镜。平静的水面、抛光的金属表面等都相当于平面镜。

图3.3.1(a)为研究平面镜成像特点的实验装置。平面镜成正立等大的虚像,像和物关于平面镜对称,如图3.3.1(b)所示。

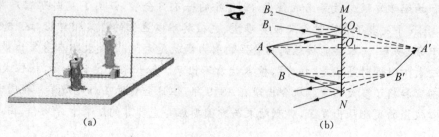

(a)   (b)

图3.3.1

二、球面镜

除了平面镜以外,还有一种球面镜,它的表面是弯曲的,所以也叫曲面镜,可以认为是球面的一部分。汤匙就可以看作我们经常接触的球面镜。由于表面弯曲,物体通过球面镜所成的像要产生形变。根据表面的不同,球面镜又分为凸面镜和凹面镜两类。

1. 凹面镜

凹面镜是反射面为凹面的反射镜。如图 3.3.2(a)所示,平行光照于其上时,通过其反射而会聚在镜面前的焦点,当光源在焦点上,所发出的光反射后形成平行光束,所以凹面镜也叫凹镜、会聚镜。在生活中,各种照明灯具(如手电、汽车灯、电灯等)的反光碗、太阳灶(如图 3.3.3)、医用头灯、反射式望远镜等都是凹面镜的应用。

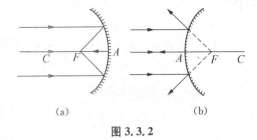

(a) (b)

图 3.3.2

2. 凸面镜

用球面的外侧作反射面的球面镜叫做凸面镜。例如汤匙的反面。如图 3.3.2(b)所示,凸面镜对光起发散作用,与平面镜相比,同样大小的凸面镜可以反射更大范围的景物。利用凸面镜的这个特性,可以做成道路旁的反光镜、车辆的观后镜(如图 3.3.4)等。

图 3.3.3

图 3.3.4

如果球面镜的镜面表面凹凸不平,就成为哈哈镜。通过哈哈镜看到的人和物都发生严重变形,有很强的娱乐效果。

三、透镜

透镜虽然也是一种镜子,但并不算真正意义上的镜子。透镜是由透明物质(如玻璃、水晶等)制成的一种光学元件,它是折射镜,利用了光的折射作用,其折射面可以是两个球面(或球面的一部分),还可以是一个球面(或球面的一部分)和一个平面的透明体,如图 3.3.5 所示。透镜(有凸透镜和凹透镜两种:中央部分比边缘部分厚的叫凸透镜(如图 3.3.5(a));中央部分比边缘部分薄的叫凹透镜(如图 3.3.5(b))。

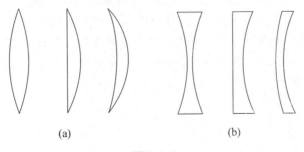

(a) (b)

图 3.3.5

1. 凸透镜

凸透镜对光起会聚作用。既可以成实像(可以放大,也可以缩小),也可以成放大的虚像,这与物体离透镜的距离以及透镜本身的焦距有关。

凸透镜可用于放大镜、老花眼及远视的人戴的眼镜、摄影机、电影放映机、幻灯机、显微镜、望远镜的透镜等。

2. 凹透镜

凹透镜对光起发散作用。近视眼镜就是凹透镜。

 举例运用

潜　望　镜

潜望镜是指从海面下伸出海面或从低洼坑道伸出地面,用以窥探海面或地面上活动的装置(如图3.3.6)。其构造与普通地上望远镜相同,唯另加两个反射镜使物光经两次反射而折向眼中。潜望镜常用于潜水艇、坑道和坦克内,用以观察敌情。

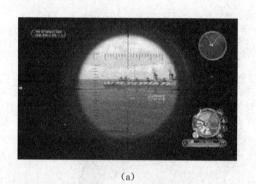
(a)

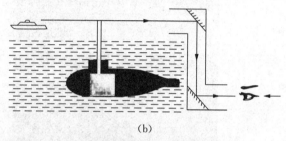
(b)

图 3.3.6

处于水下航行状态的潜艇观察海平面和空中情况的唯一手段便是借助潜望镜,多数潜艇均安装有两部潜望镜——一部攻击潜望镜和一部观察潜望镜。前者用于发现和瞄准水面目标,后者主要用于观察海空情况和导航观测。观察潜望镜有一个可配合潜望镜升降杆运动的座位和踏板,主要用于潜艇上浮之前的海空观察和航向确认。而攻击潜望镜则没有,它主要用于敌情观察、目标测距和攻击方位角度计算。同时,观察潜望镜在夜间观测能力上也更胜一筹。潜艇在浮出水面前,艇长都必须指挥潜艇在潜望镜深度先用潜望镜对海平面作一次360°观察,以求尽早发现可能出现的敌情。只有在确认没有任何威胁的情况下,潜艇才会浮出水面。

潜望镜的主要部件是一根长钢管桅杆,可升至指挥塔外5 m高的位置,两端都安装有棱镜和透镜,并可将潜望镜的视野放大至1倍到6倍。潜望镜的使用有两个很明显的问题,最主要的就是震动问题。当潜望镜完全升起时,细长的潜望镜桅杆会影响潜艇的正常航行,造成横向的不稳定。当潜艇航速超过6节时,潜望镜桅杆会带来巨大的震动而造成完全无法使用的情况。后来潜艇上安装了附加的桅杆支架,潜望镜顶端的形状也重新改进设计以减少水波阻力,这样尽管未能完全消除震动,但毕竟有了很大程度的改善。另外一个重要问题是潜望镜镜片产生的雾气。由于潜艇内部空气潮湿,潜望镜的镜片都会产生雾气,所以潜望镜在设计制造时就必须尽量做到防水和密封。而潜艇在遭受深弹攻击时很容易使潜望镜的密封结构受损,从而导致雾气的产生。

【阅读与扩展】

镜子的前世今生

我国古代在反射镜成像方面的研究很有创造性。在公元前2000年中国已有铜镜。但古人多以水照影,即人们用静止的水面作为光的反射面,当作镜子使用,这镜子叫做"监"。(西周金文里的"监"字写起来很像是一个人弯着腰对着盛有水的盘子照自己的像。)到了周代中期,随着冶炼工艺的进步,才渐渐以金属反射面代替水镜,这才在"监"字的边旁加匕"金",成为"鉴"字,汉代始改称鉴为镜。汉魏时期铜镜逐渐流行。最初铜镜较薄,圆形带凸缘,背面有饰纹或铭文,背中央有半圆形钮,用以安放镜子,无柄,形成中国镜独特的风格。明代玻璃镜传入中国。清代乾隆(1736~1795)以后玻璃镜逐渐普及。

1835 年德国化学家利比格发明了现代镜子的制造方法,把硝酸银和还原剂混合,使硝酸银析出银并附着玻璃上,一般使用的还原剂是食糖或四水合酒石酸钾钠。1929 年英国的皮尔顿兄弟以连续镀银、镀铜、上漆、干燥等工艺改进了制造方法。

【思考与练习】

1. 凸面镜和凸透镜有什么区别?
2. 我们所戴眼镜的镜片是什么透镜? 它依靠什么成像?

§3.4　眼睛的秘密

问题与现象

眼睛是一个可以感知光线的器官。最简单的眼睛结构可以探测周围环境的明暗,更复杂的眼睛结构可以提供视觉,眼睛通过把光投射到对光敏感的视网膜成像,在那里,光线被接受并转化成信号,再通过视神经传递到脑部成像。那么究竟眼睛有什么秘密呢?

基础知识

一、人眼的构造

人的眼球约呈球状,直径约 2.5 cm,如图 3.4.1 所示。眼球的前面覆盖着透明的角膜,它是光线进入眼睛的门户,其功能是保护晶状体并使进入眼睛的光线折射。眼球内部的晶状体的形状如双凸透镜,四周是睫状肌,它把眼球分为前后两室。前室充满透明的水状液体称为水状液;后室充满透明的糊状液体称为玻璃状液(玻璃体)。

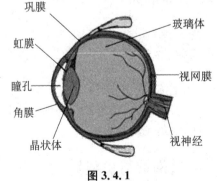

图 3.4.1

景物的光线射入眼睛,经过角膜、水状液、晶状体及玻璃状液的一连串折射后,到达视网膜,在视网膜上形成的实像,由视觉神经将信息传递到大脑,大脑便产生了视觉效果。

在晶状体的前面还有一层叫做虹膜的薄膜,薄膜并不完全遮盖晶状体,而是四周遮盖,中间部分裸露,形成一个能通过光的小孔——瞳孔。瞳孔的大小可以调节,以使眼睛适应强弱不同的光。在光线较强的环境下,瞳孔收缩,使进入眼内的光线减少;光线较弱时,瞳孔则扩张,使进入眼内的光线增多。

二、眼睛的调节

眼睛使离我们远近不同的物体都可以在视网膜上成像,而眼球的大小是不变的,也就是说,像距是一定的。那为什么远近不同的物体都能在视网膜上成像呢? 这是因为眼睛可以通过睫状肌的收缩和舒张来改变晶状体的凸起程度，使得不同距离的物体都能在视网膜上成清晰的实像。眼睛的这种自动调节能力称为**视觉调节**。看近物时，睫状肌会收缩，使晶状体前端凸出，焦距减小；看远景时，睫状肌放松，使晶状体前端呈扁平状，焦距增加。

眼睛的调节是有限度的。晶状体变得最扁时，眼睛能看清的最远点，叫做眼睛的远点。正常眼睛的远点在无限远处，即从无限远处的物体射入眼睛的光，它们的像恰好能成在视网膜上。晶状体变得最凸时，眼睛能看到的最近点，叫做眼睛的近点。正常眼睛的近点约在离眼睛 10 cm 的地方。所以，靠眼睛自身的调节能看清的范围是从离眼睛 10 cm 到无限远处。在合适的照明条件下，正常的眼睛观看距离眼睛 25 cm 远处的物体，不容易感到疲劳，因此把距眼睛 25 cm 的距离叫做明视距离。

三、视角

在黑板上画一个等号"="，如果两条线之间的距离很小，那么，教室里后排同学看到的可能像是一个减号"－"。这是为什么？

原来物体能不能被看清，不仅决定于它的像是否能成在视网膜上，而且决定于像是否有足够的大小。如果像很小，以致物体上两点的像落在眼睛的同一个感光细胞上，那么眼睛就不能分辨它们，而把这两点看成一点。

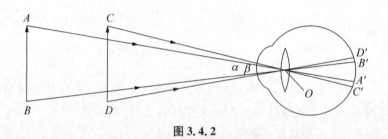

图 3.4.2

物体在视网膜上所成的像的大小，取决于物体对眼的光心 O 所张的角，这个角叫做视角。由图 3.4.2 可以看出，空间两物点对人眼所张的视角越大，则这两物点在视网膜所成的像分开的距离越大，视网膜上受到刺激的感光细胞就越多，眼睛对物体的细微结构就看得越清楚。同一个物体，离眼睛近时视角大，在视网膜上所成的像也大。离眼睛远时视角小，在视网膜上所成的像也小，这就是物体离眼睛近比离眼睛远时看得清楚的原因。人们在观察微小物体时，总是把它放在离眼睛近的地方，这样可以增大视角，使视网膜上成的像大一些。

 举例运用

正常眼镜的视角

实验证明，正常眼睛的视角约等于 $1'$，即：大小约 0.1 mm 的物体，在离眼睛 25 mm 的明视距离处，所成的视角大约就是 $1'$。

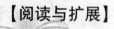 【阅读与扩展】

近视眼与防治

近视眼也称短视眼，因为远视时只能看近不能看远，从无限远处来的平行光经过眼的屈光系统折射之后，在视网膜之前集合成焦点，在视网膜上无法形成清楚的像，眼睛的远视力明显降低。当我们的视力出现如视力减退、外斜视、视力疲劳、眼球突出等症状时，说明你的视力出现了近视。

1. 真性近视与假性近视

近视眼分为真性近视和假性近视两种。

(1) 真性近视,也称轴性近视。其屈光间质的屈折力正常,眼轴的前后径延长,远处的光线入眼后成像于视网膜前。

(2) 假性近视,又称调节性近视眼,由看远时调节未放松所致。它与屈光成分改变的真性近视有本质上的不同。常见于青少年学生在看近物时,由于使用调节的程度过强和持续时间太长,造成睫状肌的持续性收缩,引起调节紧张或调节痉挛,因而在长时间读写后转为看远时,不能很快放松调节,从而造成头晕、眼胀、视力下降等视力疲劳症状。

假性近视和真性近视从症状上看都有视力疲劳、远视力不好而近视力好的特征。但假性近视属于功能性改变,没有眼球前后径变长的问题,只是调节痉挛,经睫状肌麻痹药点眼后,多数可转为远视或正视眼。如果按真性近视治疗戴上近视镜片,眼睛会感到很不舒服,因它并没有解除调节痉挛,甚至还有导致近视发展的危险。

2. 近视的成因

大部分近视眼发生在青少年。在发育生长阶段,度数逐年加深,到发育成熟以后,即不发展或发展缓慢。其中一种近视度数很少超过 6D(600 度),眼底不发生退行性变化,视力可以配镜矫正,称为单纯性近视。另一种近视发生较早(在 5～10 岁之间即可发生),且进展很快,25 岁以后继续发展,近视度数可达 15D 以上,常伴有眼底改变,视力不易矫正,称为变性近视。此外,习惯上常将 3D(300 度)以下的近视称为轻度近视,3～6D(300～600 度)称为中度近视,6D(600 度)以上称为高度近视。

导致近视的原因一般有以下几个方面。

(1) 用眼距离过近。据有关资料报道,青少年近视眼以长期用眼距离过近引起为多见。青少年眼睛的调节力很强,当书本与眼睛的距离达 7～10 cm 时仍能看清物体,但如果经常以此距离看书、写字就会使眼睛的调节异常紧张,从而可形成屈折性(调节性)近视,即所谓的假性近视。如果长期调节过度,使睫状肌不能灵活伸缩,由于调节过度而引起辐辏作用加强,使眼外肌对眼球施加压力,眼内压增高,眼内组织充血,加上青少年眼球组织娇嫩,眼球壁受压渐渐延伸,眼球前后轴变长,超过了正常值就形成了轴性近视眼,即所谓的真性近视。正常阅读距离应是 30～35 cm。

(2) 用眼时间过长。有的青少年看书、写字、做作业、看电视等连续 3～4 h 不休息,甚至到深夜才睡觉,这样不仅影响身体健康,而且使眼睛负担过重,眼内外肌肉长时间处于紧张状态而得不到休息,久而久之,当看远处时,眼睛的肌肉不能放松而呈痉挛状态,这样看远处就会感到模糊而形成近视。有的学生过了一个暑假视力明显下降就是这个原因。一般主张连续看书写字或看电视 40～50 min,就应休息片刻或向远处眺望一会儿。

(3) 照明光线过强或过弱。如果光线太强,如阳光照射书面等,会引起强烈反射,刺激眼睛,使眼睛不适,难以看清字体;相反,光线过弱,书面照明不足,眼睛不能清晰地看清字体,头部就会向前凑近书本。以上两种情况均能使眼睛容易疲劳,眼睛调节过度或痉挛而形成近视。

(4) 在行车上或走路时看书。有的青少年充分利用时间,边走路边看书或在行走的车厢里看书,这样对眼睛很不利。因为车厢在震动,身体在摇动,眼睛和书本距离无法固定,加上照明条件不好,加重了眼睛的负担,经常如此就可能引起近视。

(5) 躺着看书。许多青少年喜欢躺在床上看书,这是一种坏习惯。因为人的眼睛应保持水平状态看书,使调节与集合(辐辏)取得一致,减少眼睛的疲劳。如果躺着看书,两眼不在水平状态,眼与书本距离远近不一致,两眼视线上下左右均不一致,书本上的照度不均匀,都会使眼的调节紧张而且容易把书本移近眼睛,这样可加重眼睛负担 2～3 倍,日久就形成近视。

(6) 睡眠不足。当睡眠不足时,第二天精神不振,头昏脑涨,大脑没有充分休息,疲劳未能消除,加重眼睛负担,促使近视发生。睡眠不足是近视眼的形成原因中很重要的一条。

(7) 课桌不符合要求,写字姿势不正确。若桌椅太低,使头前倾,脊柱弯曲,胸部受压,眼睛调节相对紧张;或者桌椅过高,双脚悬空,下肢容易摆动,不能保持正确姿势,也能使眼睛发生疲劳,久而久之就容易发生近视。

（8）空间射线的影响。经常看电视,尤其是信号不足、接收率不高的农村地区,没有共用天线,屏幕不清晰,雪花点也多,很容易使眼肌疲劳。经常玩电子游戏机的同学更易损坏视力。如当今计算机的学习是一门不可缺少的课程,过长时间的电脑操作会引起眼的干燥和疲劳易引起近视,均需适当控制使用时间。

（9）遗传关系。40%的近视是遗传,且近视遗传主要是高度近视的遗传。高度近视也分生理性和病理性两种;若是病理性近视,宝宝眼睛形成近视的概率较大,因为带有特定的家族遗传性;如果是生理性近视,遗传的概率较低,即:病理性近视带有遗传因素,生理性近视是不带有遗传因素的。

3. 近视的诊治

鉴别真假性近视,除到医院验光外,还可以使用下面的简便方法:在5 m远处悬挂国际标准视力表,先确定视力,然后戴上300度的老花镜眺望远方,眼前会慢慢出现云雾状景象,半个小时后取下眼镜再检查视力,如果视力增强,可认为是假性近视;如果视力依旧或反而下降,就可以确定为真性近视。

假性近视的防治方法如下:

（1）坚持做眼保健操,每日3~4次。

（2）学习或工作1~2小时后远眺大自然,休息10~15分钟,可使睫状肌松弛。

（3）用中医针灸、电针、气功或热按摩等方法提高视觉神经中枢的兴奋性,针灸时建议针"睛明"和"球后"两穴。

（4）阅读和写字要保持与书面30 cm以上的距离和正确的姿势;不要歪着头看书,光线照明要适合;要劳逸结合,并注意锻炼身体。

【思考与练习】

1. 在一张白纸上画一个直径为1 mm的黑点,将白纸竖直立在光照充足的桌面上,一面向后退,一面看这个点,看看需要退到多远就看不清这个点。测出这段距离,算出这时观察黑点的视角是多大? 在光线不足的地方再做一次,视角是否有变化?

2. 正常的眼睛可以使远近不同的物体都能在视网膜上成像,可是我们知道,物距不同,像距也应不同,为什么远近不同的物体都能在视网膜上成像呢?

§3.5 物体的颜色

问题与现象

我们生活的自然环境五光十色、美丽动人,有红色的花、绿色的草、蓝蓝的天、白色的云……可是,在漆黑的夜晚这些美丽的颜色就统统消失了,只有在阳光（白色光)的照射下,物体才呈现出颜色。那么,为什么在同样的光源照射下,物体会呈现出不同颜色呢?

基础知识

一、光的色学性质

1666年,英国科学家牛顿第一个揭示了光的色学性质和颜色的秘密。他用实验说明太阳光是各种颜色的混合光,并发现光的颜色决定于光的波长。

为了对光的色学性质研究方便,将可见光谱围成一个圆环,并分成9个区域(如图3.5.1),称为颜色

环。颜色环上的数字表示对应色光的波长,单位为纳米(nm),颜色环上任何两个对顶位置扇形中的颜色,互称为补色。例如,蓝色(435~480 nm)的补色为黄色(580~595 nm)。通过研究发现色光还具有下列特性:

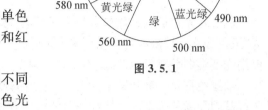

图 3. 5. 1

(1) 互补色按一定的比例混合得到白光。如蓝光和黄光混合得到的是白光。同理,青光和橙光混合得到的也是白光。

(2) 颜色环上任何一种颜色都可以用其相邻两侧的两种单色光,甚至可以从次近邻的两种单色光混合复制出来。如黄光和红光混合得到橙光,较为典型的是红光和绿光混合成为黄光。

(3) 如果在颜色环上选择 3 种独立的单色光,就可以按不同的比例混合成日常生活中可能出现的各种色调。这三种单色光称为三原色光。**光学中的三原色为红、绿、蓝**。这里应该注意区分**颜料的三原色为红、黄、蓝**。但是,三原色的选择完全是任意的。

(4) 当太阳光照射某物体时,某波长的光被物体吸取了,则物体显示的颜色(反射光)为该色光的补色。如太阳光照射到物体上时,若物体吸取了波长为 400~435 nm 的紫光,则物体呈现黄绿色。

这里应该注意:有人说物体的颜色是物体吸收了其他色光,反射了这种颜色的光。这种说法不全对。比如黄绿色的树叶,实际只吸收了波长为 400~435 nm 的紫光,显示出的黄绿色是反射的其他色光的混合效果,而不只反射黄绿色光。

二、人的色觉特点

不同波长的光照射到人眼视网膜上,将给大脑不同的感觉,这种感觉称为**色觉**。人们就是凭自己的色觉来辨别物体的颜色,一般人的眼睛可分辨 120 多种颜色,如果在不同颜色的相互补充、相互衬托之下,有经验的人可分辨 13 000 多种颜色。人眼为什么能分辨这么多种颜色呢? 现代科学研究认为:人眼中的锥状辨色细胞有 3 种,每一种细胞擅长接收一种颜色的光,但对可见光内所有波长的光也能发生程度不同的反应。这 3 种锥状辨色细胞分别对红、绿、蓝色光最为敏感。因此,人们选择这 3 种颜色作为光的三原色。彩色电视机也是根据上述理论制成的彩色显示过程。

当眼睛接受了混合光之后,3 种色觉细胞都按自己的规律兴奋起来;产生 3 种视觉信号。经视神经传到大脑,但是,大脑对每一个单独信号并不感兴趣,而是把它们总合在一起,形成一个综合的色觉,这就是人们感觉到的所接收混合光的颜色。根据人的色觉特点,当红、绿、蓝 3 种色光按千变万化的比例混合时,就会使人感觉到千差万别的颜色。

三、光和物体的颜色

我们知道,在没有光线的暗室中,或者在漆黑的夜晚,谁也无法辨认出物体的颜色,只有在光的照射下,物体的颜色才能为人眼所见。所以,**物体的颜色是光和眼睛相互作用产生的**,是大脑对投射在视网膜上不同波长光线进行辨认的结果。

我们日常所说物体的颜色,是指在日常环境里太阳光照射时物体所呈现的颜色,称为物体的本色;在特殊环境里物体呈现的颜色,称为**衍生色**。例如,在阳光照射下树叶呈绿色,这是其本色;而在红光照射下,这一"绿色"的树叶呈现黑色;改用紫外线照射时,它又呈火红色,这后两种颜色是衍生色。一个物体的本色只有一个,而衍生色可有几个,故我们说物体的颜色时,若不作特殊说明即指物体的本色。

物体的颜色决定于它对光线的吸收和反射,实质上决定于物质的结构,不同的物质结构对不同波长的光吸收能力不同。我们知道光是由光子组成的,不同波长的光由不同能量的光子组成。

波长 λ 和能量 E 间的关系为 $E = hc/\lambda$,式中 h 为普朗克常数,c 为光速。当光子射到物体上时,某波长的光子能量与物质内原子的振动能或与电子发生跃迁时所需要的能量相同时,就易被物质吸收,其他波长的光则不易被吸收。物质对光的选择吸收,就形成了各自的颜色。例如用红光照射树叶,树叶不能反射红光,而将其吸收,这样我们看到的就不是绿叶,而是黑色的树叶了。对同一种物质,改变其内部结构时,颜色也会改变。例如，碘化汞在正方晶系时呈红色，而加温到 127℃使晶形转变为斜方晶系时却呈蓝色，这主要是因为物质结构的改变，对光的选择吸收也发生了改变。人们已据此制成了变色涂料等物质。另外，溶剂、荧光等也会影响物质的颜色。

 举例运用

色盲首先由英国的化学家和物理学家、被誉为"近代化学之父"的约翰·道尔顿发现，所以色盲又被称为"道尔顿症"，以红绿色盲较为多见，蓝色盲及全色盲较少见。患者从小就没有正常辨色能力，但是可以根据光度强弱分辨颜色，因此不易被发现。

红绿色盲是一种最常见的人类伴性遗传病。一般认为，红绿色盲决定于 X 染色体上的两对基因，即红色盲基因和绿色盲基因。红绿色盲的遗传方式是伴 X 染色体隐性遗传。因男性性染色体为 XY，仅有一条 X 染色体，所以只需一个色盲基因就表现出色盲；而女性性染色体为 XX，所以那一对控制色盲与否的等位基因，必须同时隐性才会表现出色盲，因而色盲患者中男性远多于女性。全球红绿色盲人口中，男性约 8%，女性约 0.5%。而红绿色盲人口中，三色视觉（色弱）约 6%，二色视觉（色盲）约 2%，极少数为单色视觉（全色盲）。

由于红色和绿色对红绿色盲患者（色觉异常患者）形成的视觉效果和常人存在差异，因而不适宜从事美术、纺织、印染、化工等需色觉敏感的工作。例如，在交通运输中，如果工作人员色盲，导致无法辨别颜色信号，就可能发生交通事故。

【阅读与扩展】

"中国色盲第一人"的故事

众所周知，色盲是一种眼疾，在英语里称作"道尔顿"，已得到世界上大多数国家医学界的认可。

道尔顿（1766～1844）是第一个根据自己的体验记述这种视力缺陷，也是最早将"色盲"一词写进书里的人。他并非医学家，而是英国著名的化学家和物理学家，全名叫约翰·道尔顿。然而，道尔顿并非第一个发现色盲的人。有资料证明，世界上第一个意识到色盲存在的人是比道尔顿早出世 400 多年的一位中国皇帝——明太祖朱元璋。

公元 1368 年，朱元璋扫灭群雄，一统江山，当上了皇帝。有一次，朱元璋一时兴起，挥笔画了幅《雄鸡报晓图》，并在图上题了首不合格律却气势如虹的七绝，以抒发自己身经百战、一朝登极的喜悦之情。诗曰："鸡叫一声撅一撅，鸡叫两声撅两撅，三声唤出扶桑日，扫败残星与晓月。"朱元璋刚令太子朱标将画挂出，便赢得群臣的满堂喝彩。

朱元璋龙颜大悦，一高兴便将此画赐给了在侧的首辅大臣徐达。徐达受宠若惊，他奉承地对画面赞道："这雄鸡的大黑鸡冠多威风！"朱元璋和群臣闻言一愣，心想，画上明明是红鸡冠，徐达为何说是黑鸡冠？如此当庭信口雌黄，岂不是故意谩君!? 但朱元璋转而一想，徐达为人忠厚，决不会故意戏弄君臣，便打个哈哈将话题转移，没有降罪于徐达。

朱元璋散朝回宫后，越想越觉得此事蹊跷。也是无巧不成书，第二天他就因患重感冒而影响食欲。当他进食美味佳肴时竟觉得其味平平，隐约还觉得有点苦味。朱元璋不愧为一代明君，他猛然醒悟：既然人在病时难辨五味，那么，倘若人患特殊眼疾，也就会难辨六色（朱元璋当时不知世存七色）。如此联想，使朱元璋惊出一身冷汗，他将龙案一拍，脱口叫道："险错怪朕之忠臣！"

据《应天杂记》记载，朱元璋曾将徐达"视色不明"是否为眼疾之事告知并求证于太医曹春民，遗憾的是，朱元璋所言并没引起曹春民的重视。否则，世界上第一个将"色盲"写入书中的将不是道尔顿，而是曹春民。

【思考与练习】

1. 夜晚用红色的灯光照射绿叶,我们看到的树叶会是什么颜色?
2. 人的色觉特点是什么?
3. 概述色盲形成的原因及分类。

§3.6 光是什么

问题与现象

光是人类最早认识的自然现象,光学也是物理学最早得到发展的学科之一。远在周朝,我国劳动人民用铜凹镜取火,用铜锡合金制成的镜子照人。公元前 400 年,《墨经》中记载了光的直线传播,次及平面镜、凸面镜和凹面镜成像。宋朝时沈括在《梦溪笔谈》中对小孔成像、凸面镜和凹面镜成像、凹面镜的焦点作了详细的叙述。古希腊和古埃及对光学的研究也做出了重要的贡献。1621 年,斯涅耳发现光传播到两种介质面时,光线传播方向发生改变的光的折射定律。

在此基础上人类不免会有光是什么的疑问,那么光究竟是什么呢?

基础知识

一、光电效应

1887 年,赫兹在证实麦克斯韦电磁理论的火花放电实验时,赫兹用两套放电电极做实验,一套产生振荡,发出电磁波;另一套作为接收器。他意外发现,如果接收电磁波的电极受到紫外线的照射,火花放电就变得容易产生。为了解释这一现象,他提出在光的照射下,某些物质内部的电子会被光子激发出来形成电流,即光生电。

在一定频率的光的照射下,电子从金属(或金属化合物)表面逸出的现象称为光电效应,从金属(或金属化合物)表面逸出的电子称为光电子。研究光电效应的电路如图 3.6.1 所示。实验表明光是从光源飞出来的微粒,在真空或均匀物质内由于惯性而作匀速直线运动。在牛顿的微粒说的基础上,很容易解释光的直线传播、光的反射和折射现象,但微粒说却不能解释几束光交叉相遇后彼此毫无妨碍地继续传播。可见,微粒说能成功地解释一些光现象,但不能解释所有的光现象。光究竟是什么?

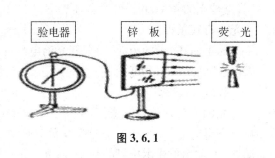

图 3.6.1

二、惠更斯的波动说

惠更斯反对牛顿的微粒说。他根据声和光的某些现象的相似性,提出光是一种波。惠更斯的光波动说能解释光的反射、折射现象,尤其能够解释微粒说无法解释的光照射到两种介质交界面处同时发生的反射、折射现象和几束光交叉相遇后毫无妨碍地继续传播,但波动说却不能解释光的直进现象。可见,波动说能成功解释许多光现象,但不能解释所有的光现象。

光究竟是什么?牛顿的微粒说理论是否完善?什么样的实验能有力证明光是一种微粒?惠更斯的波动说理论是否完善?能否有实验有力证明光具有波动性?在 18 世纪关于光的本性的讨论仍在继续。

三、光的波粒二象性

1. 光的波动性的确定

1801 年,托马斯·杨用强单色光照射开有窄缝的不透光的遮光板,通过窄缝的光又照射到置于单缝之后的开有两条窄缝的不透光的遮光板。从双缝通过的两列光波频率相同,巧妙地获取了相干光源。双缝后的光屏上出现了明暗相间的条纹,这就是证明光具有波动性的光的干涉实验。

1804 年,菲涅耳用一束光照射到开有小孔的不透光的遮光板,在遮光板之后的毛玻璃屏上,看见除了中央的亮斑之外,周围是明暗相间的圆环,成功地实现了光的衍射。之后,夫琅和费单缝衍射实验问世。

光的干涉和衍射现象,从实验角度有力地证明了光是一种波。那么光波是什么性质的波?是早期惠更斯认为的机械波吗?

2. 光的波动理论的建立

1850 年,傅科用实验测出光在水中的速度比在空气中小,表明光波与声波的不同。1865 年,麦克斯韦提出了电磁场理论,并预言了电磁波,进而指出光波是一种电磁波,提出光的电磁说。1888 年,赫兹在实验室证实了电磁波的存在。之后,又进一步证明电磁波与光波一样,能够发生反射、折射、干涉和偏振现象;光波和电磁波在真空中可以传播,且传播速度相等,为 $c = 3 \times 10^8$ m/s。以上诸多相同并非巧合,而是因为光波就是电磁波。

1888 年,斯托列托夫发现了光电效应现象,即光(含不可见光)照射到金属表面有电子逸出的现象。刚刚建立的光的波动理论又陷入了困境,光究竟是什么?

3. 光的粒子性确定与光子说

光电效应规律告诉我们:①任何一种金属都有一个极限频率,当入射光频率小于这个频率时,不能发生光电效应;②逸出光电子的最大初动能与入射光强度无关,随入射光频率增大而增大;③从光开始照射到释放出光电子,整个过程所需时间小于 10^{-9} s;④当入射光的频率大于金属极限频率且入射光频率不变时,单位时间发射出的光电子数与入射光频率无关,与入射光强度成正比。光的波动理论认为,光的能量和光的强度有关,而与光的频率无关;光的波动理论还认为入射光的辐射能量是连续分布的。这样,光的波动理论与光电效应现象产生矛盾,它无法解释光电效应现象及其规律。

1905 年,爱因斯坦为解释光电效应现象,在普朗克的量子理论启发下,提出电磁波在辐射能量时是不连续的,每一份电磁波的能量 $E = h\nu$,h 为普朗克恒量,h = 6.63×10^{-34}J·s,ν 为电磁波的频率。又因为光波是电磁波,爱因斯坦提出光的传播也是不连续的,每一份光叫一个光子,光子能量 $E = h\nu$,ν 为光子的频率,也是光的频率,h 仍然为普朗克恒量。这一理论称为光子说。光子说成功解释了光电效应,并有力证明了光具有粒子性。

综上所述,光的干涉、衍射和光的电磁说,成功地从实验和理论上证明光具有波动性;光电效应和光子说,成功地从实验和理论上证明光具有粒子性。光的波动性和粒子性矛盾吗?二者能统一吗?

4. 光的波粒二象性

光的所有现象告诉我们,从宏观现象中总结出来的经典理论对微观粒子不再适用。宏观概念中波和粒子完全对立,而光波不是宏观概念中的波,光子也不是宏观概念中的实物粒子。大量光子显示出光的波动性,少量光子显示出光的粒子性;光在传播过程显示光的波动性,光与物质相互作用时,显示出光的粒子性。可见光既具有波动性又具有粒子性,即光具有波粒二象性。

不但光子具有波粒二象性,一切微观粒子都具有波粒二象性。微观粒子的规律不再用经典物理理论解释,而要用普朗克量子理论之后建立的量子力学去解释。

光学既是物理学中最古老的一门学科,又是当前科学领域中最活跃的前沿阵地之一。

 举例运用

从照片曝光的底片图样中可以看出,如果曝光时间极短,在底片上就会出现点点颗粒的白斑,这说明光是一种粒子。

光的干涉、衍射现象说明了其波的特征。

【阅读与扩展】

泊 松 亮 斑

经典物理学时期关于光的本性有两种观点,即波动论和粒子论,数学家泊松是坚定的粒子论者,他对光的波动说很不屑。我们知道,波是可以产生衍射的,泊松为了推翻光的波动说就用很严谨的数学方法计算得出结论:"假如光是一种波,那么光在照到一个尺寸适当的圆盘时,其后面的阴影中心会出现一个亮斑。"这在当时看来是一个很可笑的结论,影子的中心应该是最暗的,如果光是波动的,影子的中心反而成了最亮的地方。泊松自认为这个结论完全可以推翻光的波动说,然而物理学家菲涅尔的试验却使泊松大跌眼镜——在阴影的中心就是一个亮斑。泊松本来想推翻光的波动说,结果反而再次证明了光的波动性。由于圆盘衍射中的那个亮斑是由泊松最早计算证明,所以被称作"泊松亮斑",具体地说,当光照到不透光的小圆板上时,在圆板的阴影中心出现亮斑,在阴影外还有不等间距的明暗相间的圆环。

泊松亮斑形成的原因是由于光的衍射,可以利用衍射公式来计算。1678年惠更斯向法国科学院提交了他的著作《光论》。在书中惠更斯把光波假设为一横波,推导和解释了光的直线传播、反射和折射定律,书中并未提到关于光谱分解为各种颜色的问题。惠更斯的光的波动理论是研究碰撞现象的一个直接结果,他认为光是一种问题冲量,类似于球与球之间的冲量的传递,这一研究代表了光学研究中物理观念和数学观念的联合。英国物理学家托马斯·杨于1801年提出干涉理论,法国物理学家菲涅耳利用干涉观念成功解释了牛顿环,同时也成为第一个近似测定波长的人。在1807年出版的《自然哲学和机械工艺讲义》中也对光的干涉再次作出解释。菲涅耳设计了一个实验:利用两个与小孔或不透明障碍物边缘都无关的小光源,用两块彼此接近180°角的平面金属镜,避开衍射,由反射光束来产生干涉现象。并数学计算结果与实验数据一致。菲涅耳用波动说解释影子的存在和光的直线传播,并指出光的干涉现象和声音的干涉现象的不同,是由于光的波长短得多。泊松根据菲涅耳的计算结果,得出在一个圆片的阴影中心应当出现一个亮点,当这个圆片的半径很小时,这个亮点才比较明显,得到了实验验证。

【思考与练习】

1. 光的本质是什么?
2. 哪些现象可以解释光是一种波,哪些现象又能解释光是一种粒子?

§3.7 激 光

问题与现象

激光笔,激光灯,激光唱盘(CD),激光刀,激光打印机……"激光"一词在生活中随处可见,激光到底是什么光? 它是怎样产生的? 为什么会有这么多的用途呢?

基础知识

一、激光器

1960 年 7 月，美国科学家梅曼博士在实验室里制造出世界上第一台激光器——红宝石激光器，标志着激光的诞生。激光的产生实际上是原子受激辐射而得到加强的光。

目前激光器的种类很多，如果按激光器的工作物质分类，可分为气体激光器、液体激光器、固体激光器和半导体激光器。一般来说，气体激光的单色性及相干性比较好，半导体激光器的平行性不是很好，但是它的体积很小，价格便宜，因此得到了广泛的应用。

1. 气体激光器

最常见的 He－Ne 激光器是第一个研制成功的气体激光器，激光由氖受激辐射产生，氦是辅助物质。He－Ne 激光器由放电管、电极、反射镜和氦氖混合气体组成。

当放电管加上直流高压后，从阴极发出的电子向阳极加速过程中撞击氦原子使之激发，由于氦原子在这一激发态能级上所拥有的能量与氖原子的激发态能量相当，所以受激励的氦原子与基态的氖原子相碰撞并交换能量使氖原子被激励。再经过反射镜来回反射，从而发出相当强的激光。

2. 固体激光器

最早研究成功的固体激光器是红宝石激光器。红宝石的化学成分是 Al_2O_3，晶体中掺有 Cr 离子而呈现红色。红宝石的端面被抛光并镀以反射膜，一端是全反射镜，另一端是只有百分之几透光率的部分反射镜，以氙闪光灯作为激励能源，所发射的激光波长为 694.3 nm（红光）。红宝石激光器的输出功率可达 10^3 W 数量级。固体激光器器件小，坚固耐用，脉冲功率大，使用比较简便。

3. 半导体激光器

半导体激光器又称激光二极管，记作 LD。半导体激光器体积小，重量轻，可靠性高，转换效率高，功耗低，驱动电源简单，能直接调制，价格低廉，使用安全，其应用领域非常广泛。例如，光盘读写、激光打印、激光测距、条码扫描、激光显示、实验室及教学演示、舞台灯光及激光表演等。

目前已开发并投放市场的半导体激光器所发射的激光波长有十多种。从红外、可见光到紫外各波段都有。

二、激光的特性

激光的应用广泛，主要是因为它具有相干性好、平行度高、能量集中和单色性好这 4 个特性。

1. 相干性好

激光是一种人工产生的相干光，对于普通的光源（如白炽灯），灯丝中每个原子在什么时刻发光，朝哪个方向发光，都是不确定的，发光的频率和偏振方向也不一样。这样的光在叠加时，一会儿在空间的某点相互加强，一会儿又在该点相互削弱，所以不能发生干涉，这样的光是非相干光。激光是人工产生的具有频率、偏振状态和传播方向都相同的光，因此，它的相干性好。

2. 平行度高

普通光源发出的光是发散的，所以一般射程较近。例如，好的手电筒在夜间只能照到几十米远的地方，大功率的探照灯也只能照到几千米或十几千米远的地方。而激光的平行度要比普通光的平行度好得多，所以在传播很远的距离后，激光仍能保持一定的强度。

3. 能量集中

激光可以在很小的空间和很短的时间内集中很大的能量。如果将很大的激光束聚焦起来照射到物体上，可以使物体的被照部分在约千分之一秒时间内产生几千度的高温，最难熔化的物质在这一瞬间也要汽化了。

4. 单色性好

激光的颜色很纯，即单色性好。例如，He－Ne 激光器发出波长 694.3 nm 的红光，对应的频率为

4.74×10^{14} Hz,它的谱线宽度只有 9×10^{-2} Hz,而普通的 He－Ne 混合气体放电管所发出的同样频率的光,其谱线宽度达 1.52×10^{9} Hz,比激光的谱线宽度大 10^{10} 倍以上。

 举例运用

激光的应用

(1) 激光在电子工业中的广泛应用:可以用它来进行微型仪器的精密加工,可以对脆弱易碎的半导体材料进行精细的划片,也可以用来调整微型电阻的阻值。

(2) 激光在印刷方面的应用:激光照排是将文字通过计算机分解为点阵,然后控制激光在感光底片上扫描,用曝光点的点阵组成文字和图像。我国目前已广泛应用的汉字排版技术就采用了激光照排,它比古老的铅字排版工效至少提高 5 倍。

(3) 激光在医学方面的应用:它不仅可以作为外科手术的激光刀,在眼科、牙科、皮肤科与整容等各方面都有独到的应用。激光刀的妙处在于它切割的同时也进行了灼烧,这恰好封闭血管防止出血,也减少了感染的危险。用激光对牙齿进行无痛钻孔和去除牙蛀,使人们对以前望而生畏的牙科手术大感轻松。相比以前的机械打孔,激光钻孔不仅不会产生大量的摩擦热,而且其所蒸发掉的只是被腐蚀处。

(4) 激光在通讯方面的应用:激光通讯保密性好,光强度大,在通讯中应用十分广泛。另外,在空间通讯领域,选取不被大气吸收的波长的激光,可以克服无线电通讯的某些局限。

【阅读与扩展】

激 光 武 器

激光武器主要指高功率强激光武器,它是一种利用定向发射的激光束直接摧毁飞机、导弹、卫星等目标或使之失效的定向能武器。按照搭载的载体不同,激光武器可分为舰载式、车载式、机载式、地基式、星载式(天基)激光武器系统。根据作战用途的不同,激光武器可以分为 3 类:一是致盲型;二是近距离战术型,可用来击落导弹和飞机,1978 年美国进行的用激光打陶式反坦克导弹试验,就使用了这一类武器;三是远距离战略型,这类激光武器的研制困难最大,但一旦成功,作用也最大,它可以反卫星、反洲际弹道导弹,能够成为最先进的防御武器。激光武器系统主要由激光器和跟踪、瞄准、发射装置等部分组成,通常采用的激光器有化学激光器、固体激光器、CO_2 激光器等。激光武器具有攻击速度快、转向灵活、可实现精确打击、不受电磁干扰等优点,但也存在易受天气和环境影响等弱点。

高度集束的激光,能量也非常集中。在日常生活中我们认为太阳非常明亮,但是一台巨脉冲红宝石激光器发出的激光却比太阳还亮 200 亿倍。当然,激光比太阳亮并不是因为它的总能量比太阳大,而是由于它的能量非常集中。例如,红宝石激光器发出的激光射束,能穿透一张 3 cm 厚的钢板,但总能量却不足以煮熟一个鸡蛋。

激光作为武器,有很多独特的优点。首先,它可以用光速飞行,每秒 30 万千米,任何武器都没有这样高的速度。它一旦瞄准,几乎不要多少时间就立刻击中目标,基本用不着考虑提前量。另外,它可以在极小的面积上、在极短的时间内集中超过核武器 100 万倍的能量,还能很灵活地改变方向,没有任何放射性污染。

【思考与练习】

1. 激光有哪些特点?
2. 试举出生产和生活中激光的一些应用实例。

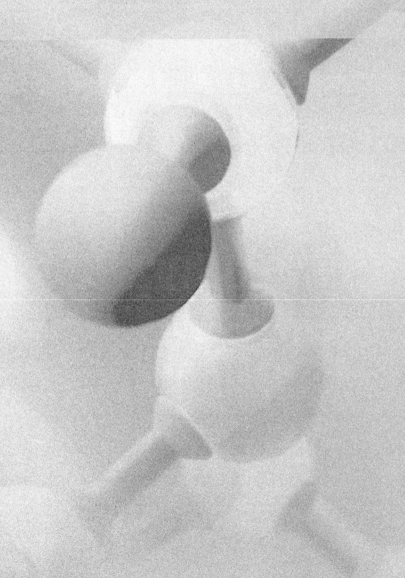

下　篇
Part 2 化学篇

第4章

生活中的金属材料

§4.1 认 识 金 属

问题与现象

在实际生活中,哪些地方用到铝、铜、锌、钛?分别利用了它们的何种性质?日常生活中还曾接触到哪些金属,它们的性质如何?

同样是铁做的,为什么锅那么脆、弹簧那么韧、刀那么锋利?

基础知识

一、金属及其性质

由金属元素组成的单质称为金属。在一百多种化学元素中,金属约占90种。

金属有许多共同的物理性质。金属不透明,具有金属光泽,大部分金属呈银金色,个别的金属呈现其他颜色,如铜的颜色为紫红色。金属容易导电、导热,是电和热的良导体,导电性能最好的是银,其次是铜和铝。金属具有延展性,"延"就是引长,"展"就是张开。金属既能抽成细丝,也能轧成薄片,延展性最好的是金,其次是银和铝。例如,在 100~150℃时铝可制成薄于 0.01 mm 的铝箔,广泛用于包装香烟、糖果等。

金属(除汞外)在常温下一般都是晶体。用 X 射线进行研究发现,在晶体中,金属原子好像硬球,一层一层地紧密堆积着,如图 4.1.1 所示。金属原子的价电子比较少,容易失去价电子变成金属离子,这些释出的价电子叫做自由电子,在整个晶体里可以自由地运动,金属离子跟自由电子之间存在着较强的作用,因而使许多金属离子相互结合在一起形成晶体。表 4.1.1 给出铝、铜、锌、钛这 4 种常见金属的性质和用途。

图 4.1.1

表 4.1.1

铝	导电性好,仅次于银和铜	广泛地用作电缆
	良好的导热性	用于制做炊具及太阳能吸收装置
	良好的延展性	制成铝箔,可包装纸烟、糖果等
	纯铝中可掺入镁、锰、铜等金属,冶炼出硬度较大的铝合金	因没有磁性,是用于制造飞机、汽车、军用快艇等的良好材料
	极强的夺氧能力,可将氧化铁中的氧夺取过来,跟氧结合同时将铁还原出来,并放出大量的热	做铝热剂,用于焊接钢轨或冶炼钨、钒、锰等高熔点金属

（续表）

铜	导电性好，仅次于银	当今世界一半以上的铜用于电力或电讯工业
	铜锌合金称为黄铜，质硬	用作制造船舶、机器、弹壳、艺术品
	铜锡合金称为青铜，质硬且化学性质稳定	光泽持久，可制作精致的工艺品
	铜、镍合金称为白铜，耐腐蚀，且有一定强度	可作医疗器材、精密仪器、化工零件
锌	在空气中形成保护膜使内部不受腐蚀	用于制造镀锌钢板和白铁皮
	白色的氧化锌具有杀菌能力	用作白色颜料和医用橡皮膏
	溴化锌和碘化锌	用于医药和分析试剂
	硫化锌和硫酸镍的混合物白色、无毒	没有毒性，大量用于油漆工业
	硫酸锌	防腐剂和媒染剂
钛	密度小、耐高温、耐腐蚀，其合金强度高	用于制造军用超音速飞机部件，也用于制造火箭发动机壳体、人造卫星壳体及潜艇的各个部件
	对人体无毒，也不和人体肌肉骨骼发生反应，是"亲生物金属"	用作医疗器械、人工关节、人工心瓣、人造齿龈等

二、金属的分类

根据元素周期表，元素可以分为金属、半金属和非金属 3 类，半金属有硼、硅、砷、硒、碲 5 种。从性质上讲，金属与非金属之间没有严格的界限，有时难以区分。

就色泽而言，金属通常可以分为黑色金属和有色金属两大类：黑色金属是指铁、锰、铬 3 种金属，它们的单质为银白色，而不是黑色。之所以称它们黑色金属，是由于它们和它们的合金表面常有灰黑色的氧化物。有色金属是指黑色金属以外的金属，其中除少数有颜色外（铜为紫红色、金为黄色），大多数为银白色，有色金属有 60 多种，又可分为 3 大类：①轻有色金属，一般指密度小于 4.5 g/cm³ 的有色金属，包括铝、镁、钠、钾、钙、锶、钡等；②重有色金属，一般指密度大于 4.5 g/cm³ 的有色金属，包括铜、镍、铅、锌、钨、钴、锡、锑、汞、镉、铋等；③稀有金属，在地壳中含量较少、分布较散、提取较难或被研究应用较晚的金属元素，包括铍、钼、钽、铌、钛、铪、钒、镓、铼、铟、铊、锗，以及稀土元素和人造超轴元素等。

从其他角度，金属可以分为：①难熔稀有金属，如钨、钛、钒等；②稀散金属，如镓、锗等；③稀土金属，如钪、钇及镧系元素等；④放射性金属，如镭、锕等；⑤贵金属，如金、银、铂等；⑥碱金属：如锂、钠、钾、铷、铯等；⑦轻稀有金属，如锂、铍等。

现在人们已经发现了 109 种元素，按照这些元素的原子结构和性质，把它们分为金属和非金属两大类。金属与非金属的不同点，主要表现在以下几方面：

（1）从原子结构来看，金属元素的原子最外层电子数较少，一般小于 4；而非金属元素的原子最外层电子数较多，一般大于 4。

（2）从化学性质来看，在化学反应中金属元素的原子易失电子，表现出还原性，常做还原剂。非金属元素的原子在化学反应中易得电子，表现出氧化性，常做氧化剂。

（3）从物理性质来看，金属与非金属有着较多的差别，主要有以下 4 点：

① 金属单质一般具有金属光泽，大多数金属为银白色；非金属单质一般不具有金属光泽，颜色也是多种多样。

② 金属除汞在常温时为液态外，其他金属单质常温时都呈固态；非金属单质在常温时多为气态，也有的呈液态或固态。

③ 一般说来，金属的密度较大，熔点较高；而非金属的密度较小，熔点较低。

④ 金属大都具有延展性，能够传热、导电；而非金属没有延展性，不能够传热、导电。

必须明确上述各点不同，都是"一般情况"或"大多数情况"，而不是绝对的。实际上金属与非金属之间没有绝对的界限，它们的性质也不是截然分开的。有些非金属具有一些金属的性质，如石墨是非金属，但具有灰黑色的金属光泽,是电的良导体,在化学反应中可做还原剂;又如硅是非金属,但它具有金属光泽,硅既不是导体也不是绝缘体,而是半导体。也有某些金属具有一些非金属的性质,如锑虽然是金属,但它的性质非常脆,灰锑的熔点低、易挥发等,这些都属于非金属的性质。由于金属、非金属属性之间没有严格的界限,有的元素既表现出某些金属的性质,也表现出某些非金属的性质。例如,锗、锡、锑、碲等的晶体结构与一般金属不同,导电率也较低,人们把这类元素叫做半金属。又如,铍、锌、镉、汞、铟、铊等的导电率接近一般金属的下限,它们的晶体结构也不像通常金属那么整齐,这类金属的性质也介于金属和非金属之间,有人称其为准金属。表 4.1.2 给出了金属和非金属性质的比较。

表 4.1.2

金　　　属	非金属
常温时,除汞是液体外,其余是固体	常温时,除溴是液体,氢气、氮气、氧气、氟气、氯气是气体外,其余是固体
一般密度较大	一般密度较小
有金属光泽	大多数没有金属光泽
大多数是热和电的良导体	大多数不是热和电的良导体
大多数具有延展性	大多数不具有延展性
固态时大多为金属晶体	固态时大多为分子晶体
蒸气分子大多数是单原子的	蒸气(或气体)分子大多数是双原子或多原子的

　　合金就是由一种金属与另外的金属或非金属按一定比例熔合在一起而得到的金属混合物。多数合金由两种或两种以上金属合成,但有些合金含非金属元素,如碳等。青铜是铜和锡的合金,改变金属的配比和成分,合金的性质就会改变,硬度更大,熔点更低,机械性能和耐腐蚀性更好,某些合金的性能远远超过了其中任何一种成分金属。青铜对铜作出很大改进,比铜更容易弯曲。使用最早应用最广的合金是钢。

举例应用

金属的性质

怎样解释金属的这些共同性质呢?

　　在通常情况下,金属里自由电子的运动是没有一定方向的。但在外加电场的条件下,自由电子在金属里就会发生定向运动,因而形成电流。这就是金属容易导电的原因。

　　金属的导热性也跟自由电子的运动有关。自由电子在运动时经常跟金属离子相碰撞,从而引起两者能量的交换。当金属某一部分受热时,在那个区域里的自由电子的能量增加,运动速率也随之加快,于是,通过碰撞,自由电子就能把能量传给其他金属离子。金属就是借着自由电子的运动把能量从温度高的部分传到温度低的部分,从而使整块金属达到同样的温度。

　　金属的延展性也可以从金属的结构特点加以说明。当金属受外力作用时,各层之间就发生了相对的滑动,但是由于金属离子跟自由电子之间的较强作用仍然存在,因此金属虽发生了形变,但不致断裂,所以金属一般有不同程度的延展性。

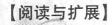

【阅读与扩展】

金 属 的 知 识

　　6 000 年前人们发现铜和锡合在一起会更硬些,这种铜锡合金称作青铜,这一时期也被称作青铜器时代。青铜被广泛使用了许多年。

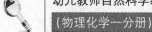
牙医用汞合金（汞、银、锡、锌和铜的合金）来填补龋齿的牙洞。

碳化钨合金的熔点高达 2 900℃以上，为制造钻头提供了必要的硬度和强度。

锡和铅的合金熔点低于锡和铅，用作焊料它能在两个部件之间筑成一座焊桥，不会损坏任何部件。

【思考与练习】

一、问答题

1. 金属在常温下一般都是什么状态？

2. 金属里自由电子的运动有方向吗？

3. 请指出熔点最高和最低的金属。

4. 请指出导电性居于前三位的金属。

5. 请指出延展性居于前三位的金属。

6. 黑色金属是指哪 3 种金属？

7. 什么是合金？

二、选择题

1. 下列性质中，不属于大多数金属通性的是（　　）。

　A. 有银白色光泽　　　　　　　　　　B. 有延展性

　C. 有良好的导电性和导热性　　　　　D. 有很高的熔点和硬度

2. 人们利用铁、铜、铝由早到晚的顺序为（　　）。

　A. 铁、铝、铜　　　　　　　　　　　B. 铜、铁、铝

　C. 铝、铜、铁　　　　　　　　　　　D. 铁、铜、铝

3. 关于合金性质的说法中，错误的是（　　）。

　A. 多数合金的硬度一般比其各成分金属的硬度高

　B. 多数合金的熔点一般比其各成分金属的熔点低

　C. 合金的物理性质一般与其各成分金属的物理性质不同

　D. 合金的化学性质一般与其各成分金属的化学性质不同

4. 现代建筑门框架，常用电解加工成古铜色的硬铝制造，硬铝是（　　）。

　A. Al，Mg 合金　　　　　　　　　　B. Al，Cu，Mg，Mn，Si 合金

　C. Al，Si 合金　　　　　　　　　　　D. 表面氧化铝膜的纯铝

5. 下列物质中，不属于合金的是（　　）。

　A. 硬铝　　　　　　B. 黄铜　　　　　　C. 钢铁　　　　　　D. 水银

6. 下列说法正确的是（　　）。

　A. 所有不锈钢都只含有金属元素

　B. 大多数金属元素均以单质形式存在于自然界

　C. 广东打捞的明代沉船上存有大量铝制餐具

　D. 镁合金的硬度和强度均高于纯镁

7. 联合国卫生组织认为中国的铁锅是一种理想的炊具并向世界推广，其主要原因是（　　）。

　A. 升热慢，退热也慢　　　　　　　　B. 烹饪的食物中可获得有益的铁质

　C. 生产过程简单，价格便宜　　　　　D. 生铁中含碳元素，因而有对人体有益的有机物

8. 我国在春秋战国时期就懂得将白口铁经褪火处理得到相当于铸钢的物器（如可制作锋利的宝剑），这一技术要比欧洲早近两千年，那么白口铁褪火热处理的主要作用是（　　）。

　A. 降磷、硫等杂质　　　　　　　　　B. 适当降低含碳量

　C. 渗进合金元素　　　　　　　　　　D. 改善表面的结构性能

9. 氢氧化铝可作为治疗胃酸过多的内服药，这是利用了氢氧化铝的（　　）。

　A. 酸性　　　　　　B. 碱性　　　　　　C. 两性　　　　　　D. 氧化性

10. 制作印刷电路时常用氯化铁溶液作为"腐蚀液",发生的反应为

$$2FeCl_3 + Cu = 2FeCl_2 + CuCl_2$$

向盛有氯化铁溶液的烧杯中同时加入铁粉和铜粉,反应结束后,下列结果不可能出现的是(　　)。

A. 烧杯中有铜无铁　　　　　　　　B. 烧杯中有铁无铜

C. 烧杯中铁、铜都有　　　　　　　　D. 烧杯中铁、铜都无

11. 以下叙述不正确的是(　　)。

A. 不锈钢是化合物　　　　　　　　B. 黄铜是合金

C. 钛和钛合金是制造飞机轮胎的重要材料　　D. 铝是地壳中含量最多的元素

12. 用即热饭盒盛装食物,可以得到热烘烘的午饭,原因是即热饭盒的底部装入镁和铁的合金粉末,以及混合了高密度的聚乙烯,当剥去底部的厚硬纸板后,水和镁发生化学反应,放出热量,便可使食物变热,其中铁的作用可能是(　　)。

A. 其中一种反应物　　　　　　　　B. 起催化剂作用

C. 起导热作用　　　　　　　　　　D. 减少镁与水分子的接触机会

13. 利用新技术能将不锈钢加工成为柔软的金属丝,它和棉纤维一起编织成为防辐射的劳防服装,这是利用了金属的(　　)。

A. 耐腐蚀性　　　　B. 还原性　　　　C. 热传导性　　　　D. 延展性

14. 一种新兴的金属由于其熔点高、密度小、可塑性好、耐腐蚀性强,它和它的合金被广泛用于火箭、导弹、航天飞机、船舶、化工和通讯设备的制造中,这种金属是(　　)。

A. 铜　　　　　　　B. 钢　　　　　　　C. 钛　　　　　　　D. 镁

§4.2　几种常见金属

问题与现象

在日常生活中,都有哪些常见金属加工而成的机械、器具? 有人在使用煤炉时,为了充分利用热量,晚上封火后在炉口放上一把装有水的铝壶,但这样做的结果却能加快铝壶的腐蚀,为什么呢?

基础知识

在金属中金属元素的原子之间靠自由电子的运动形成金属键。它们具备特有的光泽,不透明,富有展性、延性及导热性、导电性,硬度、密度一般都较大。在常温下,除汞外均为固态。金属原子的化学性质一般较活泼。由于金属原子最外层电子数较少,电负性较小,在化学反应中,往往易失去电子形成阳离子,这是金属元素共同的化学特性。很多金属能与非金属化合;很活泼的金属(如钾、钠、钙等)在常温下即能与水作用,产生氢气;很多金属能与酸发生置换反应,产生氢气;少数金属(如锌、铝)还能与碱发生反应。金属氧化物和氢氧化物一般呈碱性,仅少数金属氧化物和氢氧化物呈两性。

一、铜

纯铜呈紫红色,熔点约 $1\,083.4\,℃$,沸点 $2\,567\,℃$,密度 $8.92\,g/cm^3$,具有良好的延展性。1g 纯铜可拉成 $3\,000\,m$ 细铜丝或压延成面积为 $10\,m^2$ 几乎透明的铜箔。纯铜的导电性仅次于银,但比银便宜得多,所以当今世界一半以上的铜用于电力和电讯工业。

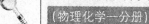

黄铜是由铜和锌所组成的合金。它强度高,硬度大,耐化学腐蚀性强,切削加工的机械性能也较为突出。可用于热交换器和冷凝器、低温管路、海底运输管、耐压设备等。

青铜是铜和锡的合金,含锡量约占5%～10%。这种合金有很好的铸造性,以及很高的耐腐蚀性。在海水、稀硫酸、氢氧化钠溶液、很稀的碳酸钠溶液中,化学稳定性很强。用来铸造轴承、泵壳、阀门、齿轮,特种青铜可制作机械零件等。

碱式碳酸铜的分子式为$CuCO_3 \cdot Cu(OH)_2$,俗称铜绿。铜绿的主要应用是制烟火、油漆、磷毒解毒剂。它是浅绿色细小颗粒或无定形的粉末,是铜在空气中生成铜锈的主要成分。这种粉末有毒,不稳定,在200℃时发生分解:

$$CuCO_3 \cdot Cu(OH)_2 \stackrel{\triangle}{=\!=\!=} 2CuO + CO_2\uparrow + H_2O$$

二、铝

铝是第三周期ⅢA族元素,符号为Al。纯净的铝是具有银白色光泽的金属,熔点为660.37℃,沸点为2 467℃,金属铝的密度小,为2.702 g/cm³,富有延展性及韧性,可拉成丝或展成薄片。铝的导热导电性良好,导电性仅次于银和铜(导电率为铜的64%,密度为铜的30%)。

铝的化学性质很活泼,在空气中很快生成一层致密的氧化物薄膜,可防止进一步氧化,此氧化膜不溶于水,因而使铝不与水作用。如果把铝放在汞盐溶液中浸一会儿,表面的保护膜被破坏,铝就极易受腐蚀。铝在氧气中加热时剧烈地燃烧,发出炫目的白光,并放出大量的热。铝与氧结合的能力很强,是亲氧元素,它能从许多金属氧化物中夺取氧,而且产生大量的热,温度很高,可使游离出来的金属熔化,这就是铝热法。冶金工业上常用铝热法制备金属铬、锰、钒等,例如:

$$Cr_2O_3 + 2Al =\!=\!= Al_2O_3 + 2Cr$$

铝是两性金属,可与稀酸(盐酸或硫酸)、强碱溶液反应生成盐,同时放出氢气。把铝放入冷硝酸中,会使其"钝化"而不与稀酸反应。氧化铝、氢氧化铝也都具有两性。铝也可与卤素或无机、有机基团形成化合物,如三乙基铝为立体定向聚合催化剂。

由于铝有多种优良性能,因而铝有着极为广泛的用途。举例如下:①铝的密度小且比较软,但可制成各种铝合金,如硬铝、超硬铝、防锈铝、铸铝等。这些铝合金广泛应用于飞机、汽车、火车、船舶等制造工业。此外,宇宙火箭、航天飞机、人造卫星也使用大量的铝及其合金。例如,一架超音速飞机约由70%的铝及其合金构成。船舶制造中也大量使用铝,一艘大型客船的用铝量常达几千吨。②铝的导电性仅次于银、铜,虽然它的导电率只有铜的2/3,但密度只有铜的1/3,所以输送同量的电,铝线的质量只有铜线的一半。铝表面的氧化膜不仅有耐腐蚀的能力,而且有一定的绝缘性,所以铝在电器制造、电线电缆和无线电工业中有广泛的用途。③铝是热的良导体,它的导热能力比铁大3倍,工业上可用铝制造各种热交换器、散热材料和炊具等。④铝有较好的延展性(它的延展性仅次于金和银),在100℃～150℃时可制成薄于0.01 mm的铝箔,这些铝箔广泛用于包装香烟、糖果等,还可制成铝丝、铝条,并能轧制各种铝制品。⑤铝的表面因有致密的氧化物保护膜,不易受到腐蚀,常被用来制造化学反应器、医疗器械、冷冻装置、石油和天然气管道等。⑥铝粉具有银白色光泽(一般金属在粉末状时的颜色多为黑色),常用来做涂料,俗称"银粉"、"银漆",以保护铁制品不被腐蚀,而且美观。⑦铝在氧气中燃烧能放出大量的热和耀眼的光,常用于制造爆炸混合物,如铵铝炸药(由硝酸铵、木炭粉、铝粉、烟黑及其他可燃性有机物混合而成)、燃烧混合物(如铝热剂制成的炸弹和炮弹,可用来攻击难以着火的目标或坦克、大炮等)和照明混合物(其成分含硝酸钡68%、铝粉28%、虫胶4%)。⑧铝热剂常用来熔炼难熔金属和焊接钢轨等,铝还用作炼钢过程中的脱氧剂。铝粉、石墨、二氧化钛(或其他高熔点金属的氧化物)按一定比率均匀混合后,涂在金属上,经高温煅烧而制成耐高温的金属陶瓷,它在火箭及导弹技术上有重要应用。⑨铝板对光的反射性能也很好,铝越纯,其反射能力越好,因此常用来制造高质量的反射镜,如太阳灶反射镜等。⑩铝具有吸音性能,音响效果也较好,所以广播室、现代化大型建筑室内的天花板等也常用铝。

自然界里坚硬而美丽的宝石——刚玉,也是氧化铝。刚玉是一种晶态无水氧化铝,其硬度仅次于金刚石,常被用来制造金属制品的磨轮,手表里的轴承就装在耐磨的刚玉上。常听人们谈起手表里的"钻数",钻数就是指手表里刚玉的颗数。除手表外,天平、时钟、电流计、电压表也要用到刚玉。现在,人们从铝土矿提取纯净的白色氧化铝粉末,放在炽热的电炉里加热熔化制取人造刚玉,它甚至比天然的刚玉还要坚硬。

三、铁

人类最早发现和使用的铁,是从天空中掉落下来的陨铁。陨铁是铁和镍、钴等金属的混合物,其含铁量较高。

生铁和钢的一些物理性质有很大差异,但是它们的化学成分又极为相近,所以二者关系密切。生铁和钢都是铁合金。铁的合金有白口铁、灰口铁、球墨铸铁、碳素钢、合金钢等。生铁的概念是从合金的角度来定义的,含碳量在 2%～4.3% 之间的铁合金是生铁。事实上,生铁是含碳量幅度较宽的一组铁合金。含碳量在定义范围之内的所有铁合金,都具有相类似的特性,如硬度高、机械性能差、性脆、不易机械加工等,这类铁合金统称为生铁。铁合金中含碳量的多少,含其他杂质元素的不同,以及碳元素在合金中存在的形态的不同等,都会对生铁的性质造成很大的影响。表 4.2.1 给出几种常见钢的主要特性及用途。

表 4.2.1

钢		主要合金元素	特性	用途
碳素钢	低碳钢	含碳低于 0.3%	韧性好	机械零件钢管
	中碳钢	含碳低于 0.6%	韧性好	机械零件钢管
	高碳钢	含碳在 0.6%～2% 之间	硬度大	刀具、量具、模具
合金钢	锰钢	锰	韧性好、硬度大	钢轨、轴承、坦克、装甲等
	不锈钢	铬	抗腐蚀	医疗器械
	硅钢	硅	导磁性	变压器,发电机芯
	钨钢	钨	耐高温、硬度大	刀具

不锈钢是一种合金钢,它的合金元素是铬和镍,含碳量较低。常用的不锈钢有铬不锈钢和铬镍不锈钢两类。顾名思义,不锈钢不易生锈,也就是说,它具有抵抗空气、水、酸、碱或其他介质腐蚀的能力。不锈钢为什么不易生锈呢?

这主要是合金元素铬的功劳。铬一方面能形成一层致密的 Cr_2O_3 钝化膜,使钢与腐蚀介质隔离;另一方面,当铬含量超过 12.5% 时,会大大提高钢的防止电化学腐蚀的能力。所以不锈钢中铬的含量都在 12%～13%。不锈钢中的另一种合金元素镍是铬的助手,它们能形成均匀的固熔体组织,可进一步提高钢的抗电化学腐蚀能力。除具有抗腐蚀能力外,不锈钢还具有良好的机械性能和工艺性能,因此它的用途极为广泛。例如,不锈钢广泛用于化工生产容器、管道、医疗器械、建筑装饰材料以及日常生活用品(如炊具)等。

四、锌

人类对锌的认识是从黄铜开始的,黄铜是铜锌合金。我国的锌矿资源极为丰富,湖南长宁水口山和临湘桃林是全国著名的锌矿产地。

锌虽然是活泼金属,但它和铝一样,能在空气中形成一层致密的保护膜,保护内层不再被氧化。常说的铅丝和铅管,实际上都是镀锌的铁丝和铁管。据统计,全世界生产的锌约 40% 用于制造镀锌钢板和白铁皮等。

锌的化合物也有很多用途。例如,氧化锌是一种优良的白色颜料,它具有一定的杀菌能力,用作医用橡皮膏。溴化锌和碘化锌用于医药和分析试剂。硫化锌和硫酸镍混合物制得的白色颜料的遮盖力强,没有毒性,大量用于油漆工业。硫酸锌还用作木材防腐剂和媒染剂。

五、汞

汞是室温下为液体的唯一金属。它是银白色的,而且是液体,因此,它的俗名叫做水银。

金属汞和汞的化合物具有特殊和奇妙的性质,曾经对化学知识的萌芽产生过很大影响。早在纪元前,古人就知道和应用了金属汞。我国商代,人们就已懂得利用汞的化合物来作药剂、颜料。对于炼金家来说,汞也具有很强的魅力,在他们"点石成金"的幻想中,汞曾经扮演了重要的角色。汞有一种独特的性质,它可以溶解多种金属(如金、银、钾、钠、锌等)。溶解以后便组成了汞和这些金属的合金,被称为汞齐,如金汞齐、钠汞齐。因此,利用汞与含金的矿石中的金生成汞齐的性质,当然可以点石成金了。到了后来,汞齐被利用在铁器上镀金和镀银,或者用作补牙材料(形成汞齐后,汞是无毒的)。

六、铅

铅的元素符号为Pb。主要用于早期活字印刷术,现代工业中主要用于生产铅蓄电池,但由于其很强的毒性而被限制使用或者被其他材料替代。

七、钛

钛的元素符号为Ti。在有色金属中,钛归属于稀有高熔点金属之中。

钛在地壳里的储藏量非常丰富,世界储量约34亿吨,在所有元素中含量居第10位(含量排前10位的元素依次为氧、硅、铝、铁、钙、钠、钾、镁、氢、钛)。

从外形上看,钛很像钢铁,但与钢铁相比,它具有很多优异性能,是一种发展快、用途广、收效大的金属。目前,有人把钛叫做"时髦金属",也有人根据钛在工业上发挥的重要作用及其在未来的发展趋势,把钛称为"第三金属"(第一金属指钢铁,第二金属指铝)、"未来的钢铁"。

钛的强度是目前使用材料中最大的,它的强度是不锈钢的3倍,是铝合金的1.3倍。所以,在飞机制造工业非常重视钛材料,如果没有钛合金作为制造材料,就不能发展2.5倍音速以上的超音速飞机。

用火箭把载人宇宙飞船送到月球,要经历从高温到超低温的过程。在返回地面的时候,又从超低温进入高温,当飞船进入大气层的时候,飞船表面温度上升到540~650℃。制造宇宙飞船的材料,必须适应这样剧烈的温度变化,而钛合金能满足这些要求。从1957年开始,钛材料大量使用于宇宙航行,主要用作火箭的发动机壳体和人造卫星的外壳、紧固件、燃料储箱、压力容器等,还有飞船的船舱、骨架、内外蒙皮等。在宇宙航行使用钛以后,飞行器的重量大大减轻。从经济效果来看,由于结构重量的减轻,能够大量节省燃料,同时可以大大降低火箭和导弹的建造和发射费用。

钛的耐腐蚀能力非常强,是不锈钢的150倍,特别是对海水的抗腐蚀能力,可以与白金相媲美。曾经有人把金属钛放在海水中浸泡了四年半,取出来以后观察,几乎没被腐蚀,仍然保持原有金属光泽,所以,钛是制造舰艇的良好材料。在合金钢中加入少量的钛,可以大大改善钢的性能,提高钢的强度、韧性和耐腐蚀性能。钛在人体内没有毒性,和人体的分泌物不起作用,对任何杀菌方法都适应,且没有磁性,所以,国内外都已经用钛作矫形外科材料和医疗器械。

用约50%的钛和50%的铌制成的合金,是目前研究和使用最多的一种超导材料。

钛的价格虽然是不锈钢的2~3倍,但其使用寿命一般是不锈钢的10倍以上。也就是说,使用钛材料一次投资贵了些,可是由于使用时间长,终究还是经济的。预计在不远的将来,钛将会像钢铁、铜、铝一样,成为我们日常生活中必不可少的一种金属。

 举例应用

我们都知道,煤中除了含有碳元素外还含有少量的硫元素,煤燃烧时,硫也燃烧生成二氧化硫,二氧化硫是一种酸性氧化物,它就溶解在壶底由湿煤受热逸出的水蒸气凝成的水珠内,生成酸性溶液。这种酸溶液,不但溶解氧化膜并进一步使铝腐蚀,所以晚上封火后不要把铝壶放在炉口上。

使用铝制器皿时,还有一点要注意,不能在铝制器皿中盛放食盐或食盐水。因为这样做提供了氯离子,有氯离子存在时能加快氧化膜的破坏而失去保护作用。

【思考与练习】

1. 金属铜有哪些用途?
2. 怎样预防重金属中毒?
3. 描述金属铝的化学性质。
4. 简述金属钛的优良性能。

§4.3　贵重金属与饰品

问题与现象

　　人们为什么把家有金银珠宝看成是富有的象征? 女性为何大多偏爱珠宝? 目前市面上流行的各类饰品由什么材料加工而成? 真假珠宝如何鉴别?

基础知识

一、金

　　金是第六周期 IB 族元素,符号为 Au。其单质是金黄色金属,熔点为 1 064.43℃,沸点为 3 080℃,相对密度是 18.88(20℃),有光泽,质软,延展性好。金比铅、汞重,导电性仅次于银、铜,列第三位。

　　金在地球上分布较广,但很稀少,自然界常以游离态存在,有岩脉金(岩石中)、冲积金(砂砾中)以及碲金矿($AuTe_2$)等,海水中金的浓度很小,每吨海水中金只有约 10 μg。

　　金是化学性质稳定的金属,在空气中不被氧化,亦不变暗,可溶于王水、氰化钾溶液和硒酸等,但不与其他酸作用。

　　金是货币金属,可以用作国际通用的货币。国家黄金储量的多少,在一定程度上反映了国家的经济财力。

　　当今国际及国内市场上流行的黄金首饰主要有纯金、K 金、镀金、包金、仿金和变色金等制品。

　　金含量达到 99%～99.9% 的为纯金制品。K 金是在黄金中添加少量银、铜、锌等金属,以增强黄金的强度和韧性。为了表示 K 金中的黄金含量,常用 K 值来表示。1K 的含金量约为 4.166%。24K 的含金量约为 99.99%,就是纯金。用作黄金首饰的材料一般分为 22K(含金量约为 91.65%)、20K(含金量约为 83.32%)、18K(含金量约为 74.98%)和 14K(含金量约为 58.2%)等几种。K 金首饰款式易翻新,能够镶嵌各种钻、翠、珠、宝和雕凿出各种精美的图案。镶嵌钻石的钻戒,多用 18K 金制成。金笔的笔尖上写有"14K"或"14 开",是指这种金笔笔尖是 14K 金的。

　　镀金首饰是在铜、银或合金制成的首饰表面上镀一层 24K 金,其外表和纯金首饰一样。但镀金不耐久,佩戴时间一长就会被磨损。

　　包金首饰是用金箔包在由铝、锌、铅的合金制成的首饰表面,然后加温,用工具把金箔牢牢地压在产品上制得。包金首饰的质地比纯金首饰要硬,不易变形,耐磨性强。从表面上看能与 24K 金的首饰相媲美。

　　仿金首饰是选用特殊的镀层工艺制成的近似 K 金的首饰。这种首饰以铜、锌或铝等金属为原料制成半成品,然后放入一种特殊镀液中,经过处理在表面镀上一层像黄金一样赤黄光亮的镀层。虽然这种首饰不含一点黄金,但却酷似纯金制品。

　　变色金首饰是用一种新颖的经过特殊加工的 K 金材料制成的首饰。例如,在 K 金表面注入铝原子,可呈现出一层美丽的蓝色;把一种很细的金属微粒电镀在 K 金表面,可显示出黑色。日本还研制出含金量为

78％、含铝量为22％的光彩夺目的紫色合金首饰。现在，红、黄、白、紫等色彩都进入了K金家族。

国家规定足金含金量不小于990‰，千足金含金量大于999‰，低于9K的黄金首饰不能称为黄金首饰。

二、铂金

铂金是地壳中一种稀有的贵重金属，元素符号为Pt，包括铂、钯、铑、钌、铱和锇，这6种金属元素统称铂族金属。铂族金属的颜色和光泽是自然天成的，历久不变，色泽美丽；延展性强；耐熔、耐摩擦、耐腐蚀；在高温下化学性稳定。

纯净的铂金呈银白色，具金属光泽。铂金硬度为4～4.5度。相对密度为21.45，比重为15～19或21.4。延展性强，可拉成很细的铂丝，轧成极薄的铂箔。强度和韧性，也都比其他贵金属高得多。1 g铂金即使是拉成1.6 km长的细丝，也不会断裂。熔点高达1 773.5℃。导热导电性能好。化学性质极其稳定，不溶于强酸强碱，在空气中不氧化。铂金不吸水银，并具有独特的催化作用。在自然界，铂金的储量比贵金属中的黄金、白银等更加稀少。由于铂金熔点高，提纯熔炼铂金比黄金更为困难，能源消耗较高，而且加工铂金需要比加工黄金工艺水平更高，因此，铂金是一种比黄金、白银等贵金属更为稀有、更加珍贵的贵金属。铂金的价格也比黄金更加昂贵。

根据含铂量不同，铂金一般可分为纯铂金、铱铂金和K白金（白色K金）3种。

纯铂金是指含铂量或成色最高的铂金。其白色光泽自然天成，不会褪色，可与任何类型的皮肤相配。其强度是黄金的两倍。其韧性更胜于一般的贵金属。纯铂金常用于制作婚戒，以表示爱情的纯贞和天长地久。用铂金镶嵌钻石，可以保持钻石的纯白颜色。

铱铂金是指由铱与铂组成的合金。其颜色亦呈银白色，具有强金属光泽，硬度较高，相对密度较大，化学性质稳定。它是最好的铂合金首饰材料。

由于铂金的硬度偏大，制作首饰时，为了适当降低硬度，降低铂金饰品的成本，掺入其他金属而制成的合金，这就是K白金（白色K金）。

三、银

银的化学符号为Ag，拉丁文是"浅色、明亮"的意思。纯银是一种美丽的白色金属，因此被称为月亮般的金属。

银在自然界中很少以单质状态存在，大部分是化合物状态，多以氯化物与硫化物的形式存在，常同铅、铜、锑、砷等矿石共生在一起。我国早在公元前23世纪，即距今四千多年前便发现了银。

纯银又称纹银，990足银，目前能够提炼的最高纯度为99.999％以上。纯银一般作为国家金库的储备物，所以纯银的成色一般不低于99.6％。而低于这个级别，含量大于等于99％的白银，我们称作足银。

含银量98％、含紫铜2％的首饰银为98银。这种色银较之纯银和足银质地稍硬，多用于制作保值性首饰。另外，含银量92.5％、含紫铜7.5％的首饰银为92.5银；含银量80％、含紫铜20％的首饰银为80银；30％银加上70％的铜，是传统工艺的"藏银"。

化妆品不仅含有汞，而且含有硫，这能使白银生成黑色的硫化银。另外，如果空气中含有硫或硫化氢气体，也不宜佩戴白银首饰。在化工厂工作的人不能佩戴白银。臭氧也能导致白银变黑，如日常生活中使用的负离子发生器、消毒柜都不宜放置白银物品。

银有很强的杀菌能力。普通的抗生素仅能杀死6种不同的病原体，而含银的抗生素则能杀死650种以上的病原体。所以，人类在两千年前就知道用银片作外科手术的良药，用银煮水治病。

四、珍珠

珍珠的英文名称Pearl是由拉丁文Pernulo演化而来。早在远古时期，原始人类在海边觅食时，就发现了具有彩色晕光的洁白珍珠，并被它的晶莹瑰丽所吸引，从那时起珍珠就成为人们喜爱的饰物，并流传至今。

珍珠是一种古老的有机宝石。珍珠贝类和珠母贝类软体动物体内，由于内分泌作用而生成含碳酸钙的矿物(文石)珠粒,珍珠是由大量微小的文石晶体集合而成。珍珠的化学组成如下:$CaCO_3$(91.6％),H_2O 和有机质(各 4％),其他(0.4％)。珍珠的形状多种多样,有圆形、梨形、蛋形、泪滴形、钮扣形和任意形,其中以圆形为佳。非均质体。颜色有白色、粉红、淡黄、淡绿、淡蓝、褐色、淡紫、黑色等,以白色为主。

　　珍珠以它的温馨、雅洁、瑰丽,一向为人们钟爱,被誉为"珠宝皇后"。珍珠的成分是含有机质的碳酸钙,化学稳定性差,可溶于酸、碱中。日常生活中,不适宜接触香水、油、盐、酒精、发乳、醋和脏物;更不能接触香蕉水等有机溶剂。夏天人体流汗多,不宜佩戴珍珠项链。不用时要用高级中性肥皂或洗洁精轻轻洗涤清洁,然后晾干,不可在太阳下暴晒或烘烤。收藏时不能与樟脑丸放在一起,也不要长期放在银行的保险箱内。珍珠的硬度较低。佩戴久了的白色珍珠会泛黄,光泽变差,可用 1％～1.5％的双氧水漂白,要注意不可漂过了头,否则会失去光泽。

五、宝石

　　宝石,七彩纷呈,质朴秀雅,有紫色的水晶,绿色的孔雀石、蓝色的蓝宝石等。从化学角度来说,宝石的颜色是因为其含有某些金属离子的缘故。

　　红宝石的矿物名称为刚玉,化学成分为三氧化二铝(Al_2O_3),因含微量元素铬(Cr^{3+})而呈红至粉红色。红宝石的红色之中,最具价值的是颜色最浓、被称为"鸽血"的宝石,非常贵重。

　　蓝宝石的矿物名称也为刚玉,属刚玉族矿物。目前宝石界将红宝石之外的其余各色宝石级刚玉统称为蓝宝石。蓝宝石的化学成分为三氧化二铝(Al_2O_3),因含微量元素钛(Ti^{4+})或铁(Fe^{2+})而呈蓝色。蓝宝石可以分为蓝色蓝宝石和艳色(非蓝色)蓝宝石。颜色以印度产"矢车菊蓝"为最佳。据说蓝宝石能保护国王和君主免受伤害,有"帝王石"之称。国际宝石界把蓝宝石定为"九月诞生石",象征慈爱、忠诚和坚贞。蓝宝石是世界五大珍贵高档宝石之一。

　　祖母绿又叫吕宋绿、绿宝石。古希腊人称祖母绿是"发光的宝石"。它是一种含铍铝的硅酸盐,其分子式为 $Be_3Al_2(Si_6O_{18})$,属于绿柱石家族中最"高贵"的一员。

　　金绿宝石化学分子式为 $BeAl_2O_4$。属斜方晶系,硬度仅次于钻石。金绿宝石和变种的变石及猫眼石,这 3 种宝石不但非常美丽,而且由于极为稀有,价格也很高昂。猫眼石有各种各样的颜色,如蜜黄、褐黄、酒黄、棕黄、黄绿、黄褐、灰绿色等,其中以蜜黄色最为名贵。

　　和田玉要由含氧化钙、氧化镁、氧化硅的矿物质组成。由于质地十分细腻,它的美表现在光洁滋润,颜色均一,柔和如脂。它具有一种特殊的光泽,介于玻璃光泽、油脂光泽、蜡状光泽之间,可以称为玉的光泽。

　　翡翠在西班牙语中意为"佩戴在腰部的宝石"。之所以叫翡翠,是因为它的颜色不均一,有时在浅色的底子上伴有红色和绿色的色团,颜色之美犹如古代赤色羽毛的翡雀和绿色羽毛的翠雀,所以称为翡翠,近代人们称翡翠为"红翡绿翠"。翡翠的主要组成物为硅酸铝钠 $NaAl_9(Si_2O_6)$,莫氏硬度在 6.5～7 之间,比重在 3.25～3.35 之间,熔点介于 900～1 000℃之间。自古以来,翡翠一直是最受人们喜爱的珠宝之一。翡翠的绿色与红色象征幸福与兴旺。人们佩戴翡翠饰物,可以防身避祸,逢凶化吉,祛病延年。赠送和佩戴翡翠饰物,预示着对爱情的忠贞。优质翡翠是当今世界价格昂贵的宝石品种,是高档玉料。

　　欧泊源于拉丁文 Opalus,意思是"集宝石之美于一身",或来源于梵文 Upala,意思是"贵重的宝石"。中国的"欧泊"一词,是根据英文音译过来的。欧泊在矿物学中属蛋白石类,是具有变彩效应的宝石蛋白石,是一种含水的非晶质的二氧化硅。化学成分为 $SiO_2 \cdot nH_2O$,含水量一般为 3％～10％。内部具球粒结构,集合体多呈葡萄状、钟乳状。底色呈黑色、乳白色、浅黄色、橘红色等。半透明至微透明。具变彩效应。折光率 1.37～1.47,无双折射现象,色散很微弱。硬度为 5.5～6.5,密度为 2.15～2.23g/cm³。性脆,易干裂,贝壳状断口。在长波紫外线照射下,不同种类的欧泊发出不同颜色的荧光。国际宝石界把欧泊列为"十月诞生石",是希望和安乐之石。

　　钻石又称金刚钻,矿物名称为金刚石。英文为 Diamond,源于古希腊语 Adamant,意思是"坚硬不可侵犯的物质"。钻石的化学成分是碳,在宝石中它是唯一一种由单一元素组成的。宝石市场上常见的代用品或赝品有无色宝石、无色尖晶石、立方氧化锆、钛酸锶、钇铝榴石、钇镓榴石、人造金红石。合成钻石于 1955 年首先由日本研制成功,但未批量生产。因为合成钻石要比天然钻石费用高,所以市场上合成钻石很少见。钻石以其特有的硬度、密度、色散、折光率,可以与其相似的宝石区别。例如,仿钻立方氧化锆多为无色,色散强(0.060),光泽强,密度大(5.8 g/cm³),手掂重感明显;钇铝榴石色散柔和,肉眼很难将它与钻石区别开。所以,选购时要牢记钻石的鉴定特征,以免造成不必要的损失。钻石居世界五大珍贵高档宝石之首,素有"宝石之王"、"无价之宝"的美誉。国际宝石界将钻石定为"四月诞生石"。钻石的采掘非常困难,在矿区,往往要劈开两吨半岩石,才可能获得 1 克拉钻石。1979 年全世界挖到的钻石仅一千多万克拉,一辆卡车即可载走。所以,名贵的钻石价值连城,成为稀罕的珍宝。

 举例应用

如何鉴别真假珠宝?

(1) 比重测试法:市面上有一种测量宝石比重的比重液,可以用 3.32 的比重液拿来测试真假钻石。天然钻石的比重为 3.52,所有天然钻石置于比重水中都会下沉,所以凡是浮在比重水上的宝石,都可以肯定它不是钻石。

(2) 穿透观察法:钻石具有高折光率,而折光率越高的钻石,光线反射力也越强,相对的透视度较低。可准备一张画有直线的纸张,将要测定的不知名的钻石,正面朝下,压盖在直线上,由该钻石的背部直接以肉眼看下去,如能看到压在钻石下的直线,就肯定不是天然钻石。

(3) 亲油性法:钻石对油脂有一种"吸油性",仿冒钻石则无此特性。将钻石在脸上沾些微量的油脂,用拇指摩擦该钻石,拇指会感到一种胶黏性,不易滑动,而仿冒钻石则会让拇指有滑溜的感觉。

(4) 呵气试验:天然钻石传热能力佳,热气散得快。将要测试的钻石靠近嘴巴,轻轻呵气,使被测试的钻石蒙上一层轻雾,此时立即注视该钻石雾气挥发的情形,如为天然钻石,雾气将立即散去,反之雾气会在仿冒钻石上维持一阵才散去。

(5) 度量与重量:1 克拉的天然钻石,直径尺寸约为 6.50 毫米(0.65 cm),大多数的仿冒钻石在相同 1 克拉的重量下,其直径尺寸与天然钻石总有颇大的差距。

【阅读与扩展】

金刚石与人造宝石

金刚石用在工业上,是无坚不摧的"切割手"。"没有金刚钻,莫揽瓷器活",玻璃刀上有一小粒金刚石,切割玻璃全靠它。金刚石车刀削铁如泥,金刚石钻头钻探速度高,进尺深。闪烁发光的红宝石和蓝宝石,都是制作手表时所需要的,人们在想宝石能不能人造呢?

制造宝石首先要知道宝石的化学成分,红、蓝宝石的化学成分是极普通的三氧化二铝,我们脚下的泥土就含有三氧化二铝。不过,红宝石、蓝宝石是纯净的三氧化二铝,微量的铬使它显现漂亮的鲜红色,含钛或铁则呈蔚蓝色。人们可以从铝矾土中提炼出纯净的三氧化二铝白色粉末,再将它放在高温单晶炉里熔融、结晶,同时掺进微量的铬盐或者氧化铁,这样就得到了人造红宝石和蓝宝石。人造红宝石除了用作手表里的"钻",精密天平的刀口和电唱机里的唱针外,还是激光发生器的重要材料,它可以产生深红色的激光。最古老的装饰品、稀世的珍宝,竟成为工业产品、现代科技的重要角色。

【思考与练习】

1. 金属金有哪些物理性质?
2. 金属饰品与非金属饰品的区别是什么?
3. 描述金属饰品的存放方法。
4. 说出几类宝石的主要特征。

§4.4 焰火的秘密

问题与现象

在一些大型庆典或节日中,人们常常会燃放焰火以示庆祝,五彩斑斓的色彩总是给人们带来幸福和欢乐! 这些色彩是怎样产生的呢?

基础知识

一、碱金属

碱金属指的是元素周期表 I A 族元素中所有的金属元素,有锂(Li)、钠(Na)、钾(K)、铷(Rb)、铯(Cs)、钫(Fr)6 种,前 5 种存在于自然界,钫只能由核反应产生。碱金属是金属性很强的元素,其单质也是典型的金属,表现出较强的导电性和导热性。碱金属的单质反应活性高,在自然状态下只以盐类存在,钾、钠是海洋中的常量元素,在生物体中也有重要作用;其余则属于轻稀有金属元素,在地壳中的含量十分稀少。

碱金属除铯以外都是银白色(Cs 略带金色光泽)、质软、化学性质活泼的金属,密度小,熔点和沸点都比较低。它们生成化合物的几乎都是正一价阳离子(在碱金属化物中,碱金属会以负一价阴离子的方式出现)。碱金属原子失去电子变为离子时最外层一般是 8 个电子,但锂离子最外层只有 2 个电子。

碱金属元素的金属性表现为自上而下逐渐增强(元素金属性强弱可以从其单质与水或酸反应置换出氢的难易程度,或它们的最高价氧化物的水化物——氢氧化物的碱性强弱来推断)。每一种碱金属元素都是同周期元素中金属性最强的元素。

因为碱金属最外层只有 1 个电子,所以碱金属都能和水发生激烈的反应,生成强碱性的氢氧化物,这也是它们被称为碱金属的原因。

氢虽然是第 I 族元素,但在普通状况下是双原子气体,不会呈金属状态,也不属于碱金属。只有在极端情况下(1.4 兆大气压力),电子可在不同氢原子之间流动,变成金属氢。

表 4.4.1

元素	锂	钠	钾	铷	铯
w(%)	0.006	2.64	2.60	0.03	0.000 6

由表 4.4.1 可见,碱金属中,钾、钠的丰度 w 较大,为常量元素;锂、铷、铯的丰度很小,为微量元素。在海水中,钠的质量分数为 1.062%,钾的质量分数为 0.038%,钾、钠同样是海水中的常量元素。

碱金属在自然界的矿物是多种多样的,常见的如下:①锂:锂辉石、锂云母、透锂长石;②钠:氯化钠、碳酸钠、硝酸钠、芒硝;③钾:光卤石、氯化钾、钾长石;④铷:红云母、铷铯矿;⑤铯:铷铯矿、铯榴石。

碱金属在人体中以离子形式存在于体液中,也参与蛋白质的形成。表 4.4.2 给出碱金属在人体中的质量分数。

表 4.4.2

元素	锂	钠	钾	铷	铯
碱金属在人体中的质量分数(%)	极微量	0.15	0.35	极微量	—

碱金属在人体中有重要的作用。锂对人脑有特殊作用,研究表明,锂离子可以引起肾上腺素及神经末梢的胺量降低,能明显影响神经递质的量,因为锂离子具体的作用机理尚不清楚,故锂中毒也没有特效解药,但碳酸锂目前被广泛用于狂躁型抑郁症的治疗。人体液的渗透压平衡主要通过钠离子和氯离子进行调节,钠离子的另一个重要作用是调节神经元轴突膜内外的电荷,钠离子与钾离子的浓度差变化是神经冲动传递的物质基础,世界卫生组织建议每人每日摄入 1～2 g 钠盐,中国营养学会建议不要超过 5 g。钾也参与调节渗透压与轴突膜内外的电荷,人体的心脏、肝脏、脾脏等器官中钾比较富集。铷元素的生理作用目前还在研究中,有多种迹象表明铷与生命过程有关,疑似为微量元素。

表 4.4.3 给出了碱金属的基本性质。碱金属单质皆为具金属光泽的银白色金属,但暴露在空气中会因氧气的氧化作用生成氧化物膜使光泽度下降,呈现灰色。碱金属单质的密度小于 2 g/cm³,是典型的轻金属,锂、钠、钾能浮在水上,锂甚至能浮在煤油中。碱金属单质的晶体结构均为体心立方堆积,堆积密度小,莫氏硬度小于 2,质软,导电、导热性能极佳。碱金属单质都能与汞(Hg)形成合金(汞齐)。

表 4.4.3

元素	3Li(锂)	11Na(钠)	19K(钾)	37Rb(铷)	55Cs(铯)	87Fr(钫)
熔点(℃)	180.5	97.8	63.7	38.9	28.8	27
沸点(℃)	1 347	822.9	774	688	678.4	677
熔沸点变化	降低趋势					
密度(g·cm³)	0.534	0.971	0.856	1.532	1.879	1.870
密度变化	升高趋势		反常			
导电性	导体	导体	导体	导体	导体	导体
颜色	银白色	银白色	银白色	银白色	略带黄色	红色
形态	固体	固体	固体	固体	固体	固体
金属或非金属性	金属性	金属性	金属性	金属性	金属性	金属性
价态	+1	+1	+1	+1	+1	+1
主要氧化物	Li_2O	Na_2O, Na_2O_2	K_2O, K_2O_2	复杂	复杂	复杂
氧化物对应的水化物	LiOH	NaOH	KOH	RbOH	CsOH	FrOH
气态氢化物	LiH	NaH	KH	RbH	CsH	FrH
气态氢化物的稳定性	不稳定	不稳定	不稳定	不稳定	不稳定	不稳定
硬度	逐渐减小					

碱金属单质的标准电极电势很小,具有很强的反应活性,能直接与很多非金属元素形成离子化合物,碱金属随相对原子质量增大反应能力越强。与氢气反应生成白色粉末状的氢化物,与水反应生成氢气,能还原许多盐类(如四氯化钛)。碱金属都可在氯气中燃烧,除锂外所有碱金属单质都不能和氮气直接化合,和氧气反应生成复杂氧化物。由于碱金属化学性质都很活泼,为了防止与空气中的水发生反应,一般将它们放在煤油或石蜡中保存。

(1) 与水反应:

$$2Li + 2H_2O = 2LiOH + H_2 \uparrow$$

$$2Na + 2H_2O = 2NaOH + H_2 \uparrow$$

$$2K + 2H_2O = 2KOH + H_2 \uparrow$$

(2) 与卤素(X)反应:

$$2M + X_2 = 2MX$$

（3）与硫反应：

$$2M + S = M_2S$$

（4）与磷反应：

$$3M + P = M_3P$$

（5）锂与氮气反应：

$$6Li + N_2 = 2Li_3N$$

二、碱金属的氧化物

碱金属单质与氧气能生成各种复杂的氧化物。碱金属中，只有锂可以直接生成正常氧化物，其他碱金属单质的氧化物可以被继续氧化。

$$4Li + O_2 = 2Li_2O$$
$$2Na + O_2 = Na_2O_2$$
$$2M + O_2 = M_2O_2(M = K, Rb, Cs)$$

碱金属的正常氧化物都能与水反应生成对应的氢氧化物。

$$M_2O + H_2O = 2MOH$$

碱金属中除锂外，其他碱金属可以直接化合得到过氧化物，碱金属的过氧化物呈淡黄色。

$$2M + O_2 = M_2O_2$$

过氧化物中的氧元素以过氧阴离子的形式存在，过氧根离子的键级为1。过氧化物是强碱（质子碱），能与水反应生成碱性更弱的氢氧化物和过氧化氢，由于反应大量放热，生成的过氧化氢会迅速分解产生氧气。

$$M_2O_2 + 2H_2O = 2MOH + H_2O_2$$

$$2H_2O_2 = 2H_2O + O_2\uparrow$$

过氧化物可与酸性氧化物反应生成对应的正盐，若与之反应的酸性氧化物有较强还原性，则有被氧化的可能。

$$2M_2O_2 + 2CO_2 = 2M_2CO_3 + O_2\uparrow$$

$$M_2O_2 + SO_2 = M_2SO_4$$

过氧化物中常见的是过氧化钠（Na_2O_2）和过氧化钾（K_2O_2），它们可用于漂白、熔矿、生氧。

除锂外，所有碱金属元素都有对应的超氧化物。钾、铷、铯能在空气中直接化合得到超氧化物，超氧化钾为淡黄或橙黄色，超氧化铷为棕色，超氧化铯为深黄色。

$$M + O_2 = MO_2$$

超氧化物能与水反应生成对应氢氧化物、氧气和过氧化氢，反应大量放热。

$$2MO_2 + 2H_2O = 2MOH + H_2O_2 + O_2\uparrow$$

$$2H_2O_2 = 2H_2O + O_2\uparrow$$

超氧化物能与酸性氧化物反应，类似过氧化物。其中，超氧化钾是最为常见的超氧化物，超氧化钾与二氧化碳的反应被应用于急救空气背包。

$$4MO_2 + 2CO_2 = 2M_2CO_2 + 3O_2\uparrow$$

三、碱金属的氢化物

碱金属与氢气（H_2）反应生成氢化物。

$$2M + H_2 \xrightarrow{\quad} 2MH$$

碱金属氢化物中以氢化锂（LiH）最为稳定，在850℃分解。

碱金属氢化物属于离子型氢化物，熔沸点高。

碱金属氢化物中存在氢负离子。电解溶于氯化锂的氢化锂可以在阳极得到氢气，这可以证明氢负离子的存在。

碱金属氢化物与水剧烈反应放出氢气。

$$MH + H_2O \xrightarrow{\quad} MOH + H_2\uparrow$$

四、碱金属的氢氧化物

碱金属元素的氢氧化物常温下为白色固体，可溶或易溶于水，溶于水放出大量热，在空气中会发生潮解并吸收酸性气体。除氢氧化锂外，其余的碱金属氢氧化物都属于强碱，在水中完全电离。

$$2MOH + CO_2 \xrightarrow{\quad} M_2CO_2 + H_2O$$

$$2MOH + 2Al + 2H_2O \xrightarrow{\quad} 2MAlO_2 + 3H_2\uparrow$$

$$2MOH + Al_2O_3 \xrightarrow{\quad} 2MAlO_2 + H_2O$$

$$3MOH + FeCl_3 \xrightarrow{\quad} Fe(OH)_3\downarrow + 3MCl$$

碱金属氢氧化物中以氢氧化钠和氢氧化钾最为常见，可用作干燥剂。

五、碱金属的卤化物

碱金属卤化物中常见的是氯化钠和氯化钾，它们大量存在于海水中，电解饱和氯化钠可以得到氯气、氢气和氢氧化钠，这是工业制取氢氧化钠和氯气的方法。

$$\begin{cases} 阳极：2Cl^- - 2e^- \xrightarrow{\quad} Cl_2 \\ 阴极：2H^+ + 2e^- \xrightarrow{\quad} H_2 \\ 总反应：2NaCl + 2H_2O \xrightarrow{\quad} 2NaOH + H_2\uparrow + Cl_2\uparrow \end{cases}$$

六、碱金属的盐类

碱金属硫酸盐中以硫酸钠最为常见。十水合硫酸钠俗称芒硝，用于相变储热；无水硫酸钠俗称元明粉，用于玻璃、陶瓷工业及制取其他盐类。

碱金属的硝酸盐在加热时分解为亚硝酸盐。

$$2MNO_3 \xrightarrow{\triangle} 2MNO_2 + O_2\uparrow$$

硝酸钾（KNO_3）和硝酸钠（$NaNO_3$）是常见的硝酸盐，可用作氧化剂。

碱金属的碳酸盐中，碳酸锂可由含锂矿物与碳酸钠反应得到，是制取其他锂盐的原料，还可用于狂躁型抑郁症的治疗；碳酸钠俗名纯碱，是重要的工业原料，主要由侯氏制碱法生产。

$$NH_3 + H_2O + CO_2 \xrightarrow{\quad} NH_4HCO_3$$

$$NH_4HCO_3 + NaCl \xrightarrow{\quad} NH_4Cl + NaHCO_3$$

$$2NaHCO_3 \xrightarrow{\quad} Na_2CO_3 + H_2O + CO_2\uparrow$$

七、焰色反应

焰色反应是一种碱金属离子或其挥发性化合物在无色火焰中燃烧时显现出独特的颜色的现象，这可以用来鉴定碱金属离子的存在,锂、铷、铯就是这样被化学家发现的。电子跃迁可以解释焰色反应,碱金属离子的吸收光谱落在可见光区,因而出现了标志性颜色。

除了鉴定外,焰色反应还可以用于制造焰火和信号弹。表 4.4.4 给出部分金属离子的焰色反应。

表 4.4.4

类别	锂	钠	钾	铷	铯	钙	锶	钡	铜
颜色	紫红	黄	淡紫	紫	蓝	砖红	洋红	黄绿	蓝绿
波长(nm)	670.8	589.2	766.5	780.0	455.5				

举例应用

五彩的烟花

烟花是在火药(主要成分为硫黄、炭粉、硝酸钾等)中按一定配比加入镁、铝、锑等金属粉末和锶、钡、钠等金属化合物制成的。由于不同的金属和金属离子在燃烧时会呈现出不同的颜色(即"焰色反应"),所以烟花在空中爆炸时,便会绽放出五彩缤纷的火花。例如,铝镁合金燃烧时会发出耀眼的白色光;硝酸锶和锂燃烧时会发出红色光;硝酸钠燃烧时会发出黄色光;硝酸钡燃烧时则会发出绿色光。

【阅读与拓展】

锂—镁对角线规则

ⅠA 族的周期性十分明显,但锂还是和同族其他碱金属元素有很大不同,这种不同主要表现在锂化合物的共价性,这是由锂的原子半径过小导致的。

元素周期表中,碱金属锂与位于其对角线位置的碱土金属镁(Mg)存在一定的相似性,这里体现了元素周期表中局部存在的"对角线规则"。锂与镁的相似性表现在:单质与氧气作用生成正常氧化物,单质可以与氮气直接化合(和锂同族的其他碱金属单质无此性质),氢氧化物为中强碱,溶解度小,加热易分解,氟化物、碳酸盐、磷酸盐难溶于水,碳酸盐受热易分解,氯化物能溶于有机溶剂中(共价性),锂离子、镁离子的水合能力强。

锂—镁对角线规则可以用周期表中离子半径的变化来说明,同一周期从左到右,离子半径因有效电荷的增加而减少,同族元素自上而下离子半径因电子层数的增加而增大,锂与镁因为处于对角线处,镁正好在锂的右下方,其离子半径因周期的递变规律而减小,又因族的递变规律而增大,二者抵消后就出现了相似性。

碱金属的盐类大多为离子晶体,而且大部分可溶于水,其中不溶的盐类有锂盐中的氟化锂、碳酸锂、磷酸锂,钠盐中的醋酸铀酰锌钠、六羟基合锡酸钠、三钛酸钠、铋酸钠、六羟基合锑酸钠,钾盐中的六硝基合钴酸钾、高氯酸钾、四苯基硼酸钾、高铼酸钾。而铷盐及铯盐与钾盐一样,但溶解度更小。

【思考与练习】

一、填空题

在空气中切开一块金属钠,可看到断面呈＿＿＿＿＿＿＿色,具有＿＿＿＿＿＿＿,但断面很快变＿＿＿＿＿＿＿,主要是由于生成一薄层＿＿＿＿＿＿＿。若把钠放在石棉网上加热可观察到＿＿＿＿＿＿＿＿＿＿＿＿,反应的化学方程式为＿＿＿＿＿＿＿＿＿＿＿＿＿＿＿＿＿＿,其中还原剂为＿＿＿＿＿＿＿＿＿。

二、选择题

1. 下面关于金属钠的描述正确的是（　　　）。

A. 钠的化学性质很活泼，在自然界里不能以游离态存在

B. 钠离子和钠原子都具有较强的还原性

C. 钠能把钛、锆等金属从它们的盐溶液中还原出来

D. 钠和钾的合金于室温下呈液态，可用作原子反应堆的导热剂

2. 钠与水反应时产生的各种现象如下：

①钠浮在水面上；②钠沉在水底；③钠熔化成小球；④小球迅速游动逐渐减小，最后消失；⑤发出嘶嘶的声音；⑥滴入酚酞后溶液显红色。其中正确的一组是（　　　）。

A. ①②③④⑤　　　　B. 全部　　　　C. ①②③⑤⑥　　　　D. ①③④⑥

3. 少量钠应保存在（　　　）。

A. 密闭容器中　　　　B. 水中　　　　C. 煤油中　　　　D. 汽油中

4. 取一小块金属钠，放在燃烧匙里加热，下列实验现象描述正确的是（　　　）。

①金属先熔化；②在空气中燃烧，放出黄色火花；③燃烧后得白色固体；④燃烧时火焰为黄色；⑤燃烧后生成浅黄色固体物质。

A. ①②　　　　B. ①②③　　　　C. ①④⑤　　　　D. ④⑤

§4.5　金属的腐蚀与防护

问题与现象

铁为什么容易生锈？而铝却不容易生锈？为什么钢铁在干燥的空气里长时间不易腐蚀，在潮湿的空气中却很快就会腐蚀？

基础知识

一、金属的腐蚀

钢铁等金属在环境的作用下所引起的破坏或变质称为金属的腐蚀。这里所说的环境是指与金属相接触的物质，如大气、土壤、水、生产用的原料、材料及其产品等。钢铁的腐蚀主要是由于这些物质与钢发生化学或电化学作用引起的。金属发生化学或电化学变化使金属单质变成了化合物，生成了与原有金属的组成和性质全然不同的另一种物质，就像木材燃烧变成炭或二氧化碳一样。

腐蚀造成资源浪费、事故发生、国民经济受损等，危害性大。据统计，大约有三分之一的钢铁由于腐蚀而在使用中报废。由此可见，冶炼所得的金属中大约有九分之一或 10% 左右，将由于腐蚀而损失。

二、金属腐蚀的分类

腐蚀有各种不同的分类方法。根据腐蚀过程的不同，分为化学腐蚀和电化学腐蚀两类。

（1）化学腐蚀。化学腐蚀是金属与环境介质直接发生化学作用而产生的损坏，在腐蚀的过程中没有电流生成。引起化学腐蚀的介质不能导电。它是非电化学腐蚀的化学腐蚀，其中没有电解质和金属反应。

例如，铝在干燥的空气中发生缓慢氧化，化学式为 $4Al + 3O_2 =\!\!=\!\!= 2Al_2O_3$，其中没有酸、碱、盐等电解质

与金属铝反应,该腐蚀即为纯化学腐蚀。

(2) 电化学腐蚀。电化学腐蚀是金属在介质中由于发生电化学作用而引起的损坏,在腐蚀的过程中有电流产生。引起电化学腐蚀的介质都能使电流通过。钢的腐蚀大多属于电化学腐蚀。

电化学腐蚀又可分为析氢腐蚀与吸氧腐蚀。析氢腐蚀主要发生在强酸性环境中,而吸氧腐蚀发生在弱酸性或中性环境中。

(1) 析氢腐蚀(钢铁表面吸附水膜酸性较强时)。

$$\begin{cases} \text{负极(Fe)}:Fe-2e^- == Fe^{2+}, Fe^{2+}+2H_2O == Fe(OH)_2+2H^+ \\ \text{正极(杂质)}:2H^++2e^- == H_2 \\ \text{电池反应}:Fe+2H_2O == Fe(OH)_2+H_2\uparrow \end{cases}$$

由于有氢气放出,所以这类电化学腐蚀称为析氢腐蚀。

(2) 吸氧腐蚀(钢铁表面吸附水膜酸性较弱时)。

$$\begin{cases} \text{负极(Fe)}:Fe-2e^- == Fe^{2+} \\ \text{正极}:O_2+2H_2O+4e^- == 4OH^- \\ \text{总反应}:2Fe+O_2+2H_2O == 2Fe(OH)_2 \end{cases}$$

由于吸收氧气,所以这类电化学腐蚀也叫吸氧腐蚀。

析氢腐蚀与吸氧腐蚀生成的 $Fe(OH)_2$ 被氧所氧化,生成 $Fe(OH)_3$,脱水生成 Fe_2O_3 铁锈。

$$4Fe(OH)_2+O_2+2H_2O == 4Fe(OH)_3$$

钢铁制品在大气中的腐蚀主要是吸氧腐蚀。

$$Fe+2H_2O == Fe(OH)_2+H_2\uparrow$$
$$O_2+2H_2O+4e^- == 4OH^-$$
$$2Fe+O_2+2H_2O == 2Fe(OH)_2$$
$$2H^++2e^- == H_2$$

按照腐蚀破坏的形态,可把金属腐蚀分为全面腐蚀和局部腐蚀两类。

(1) 全面腐蚀。腐蚀分布在整个金属表面称为全面腐蚀。例如,铁、锌、铝等在强酸中的腐蚀属于此类腐蚀。

(2) 局部腐蚀。腐蚀主要集中在金属表面的某一区域称为局部腐蚀。局部腐蚀的形态多种多样,可以发生孔蚀、应力腐蚀破裂等。

三、金属的防护

金属的防腐蚀有物理方法和化学方法,物理方法就是不改变原金属的性质,而化学方法则要改变原金属的性质。常见的金属防护方法有以下 3 种:

(1) 覆盖保护(物理方法),在金属表面覆盖保护层。例如,在金属表面涂漆、电镀或用化学方法形成致密耐腐蚀的氧化膜、工业搪瓷、氟塑料喷涂、玻璃钢树脂敷层、其他腐蚀衬里等。

(2) 改变结构(化学方法),改变金属的内部结构。例如,把铬、镍加入普通钢中制成不锈钢。

(3) 电化学保护法(化学方法)。因为金属单质不能得电子,只要把被保护的金属作为电化学装置发生还原反应的阴极,就能使引起金属电化学腐蚀的原电池反应消除。其具体方法如下:

① 外加电流的阴极保护法。利用电解装置,使被保护的金属与电源负极相连,另外用惰性电极做阳极,只要外加电压足够强,就可使被保护的金属不被腐蚀。

② 牺牲阳极的阴极保护法。利用原电池装置,使被保护的金属与另一种更易失电子的金属组成新的原电池。发生原电池反应时,原金属做正极(即阴极)被保护,被腐蚀的是外加活泼金属所做的(即阳极)。此外,还可以添加缓蚀剂等用以减缓或防止金属被腐蚀。

举例应用

为什么钢铁在干燥的空气里长时间不易腐蚀,在潮湿的空气中却很快就会腐蚀?

原来,在潮湿的空气里,钢铁的表面吸附了一层薄薄的水膜,这层水膜里含有少量的氢离子与氢氧根离子,还溶解了氧气等气体,结果在钢铁表面形成了一层电解质溶液,它跟钢铁里的铁和少量的碳恰好形成无数微小的原电池。在这些原电池里,铁是负极,碳是正极。铁失去电子而被氧化生成铁的化合物。

电化学腐蚀中,金属表面会形成一种微电池,也称腐蚀电池(其电极习惯上称为阴极、阳极,不叫正极、负极)。阳极上发生氧化反应,使阳极发生溶解;阴极上发生还原反应,一般只起传递电子的作用。

腐蚀电池的形成原因主要是由于金属表面吸附了空气中的水分,形成一层水膜,因而使空气中 CO_2,SO_2,NO_2 等溶解在这层水膜中,形成电解质溶液,而浸泡在这层溶液中的金属又总是不纯的,例如工业用的钢铁实际上是合金,即:除铁之外,还含有石墨、渗碳体(Fe_3C)以及其他金属和杂质,它们大多数没有铁活泼。这样形成的腐蚀电池的阴极为铁,而阳极为杂质,又由于铁与杂质紧密接触,使得腐蚀不断进行。

【思考与练习】

1. 为什么铝制器皿不宜用钢刷、沙子或炉灰渣等硬物擦拭?
2. 为什么用铝质铆钉铆接的铁板不易生锈,而用铜质铆钉铆接的铁板容易生锈?
3. 举例说明防止金属制品生锈的常用方法。

§4.6　生活中几种重要的金属盐

 问题与现象

人们的生活离不开食盐,它与"盐"有什么样的联系?我们遇到的其他"盐"又有什么用途呢?

 基础知识

从盐的组成来讲,包括金属阳离子和酸根阴离子两部分。生活中遇到的金属盐,主要包括由金属阳离子和其他酸根阴离子结合形成的硅酸盐、硫酸盐、盐酸盐、硝酸盐、碳酸盐等。

一、硅酸盐

化学上指由硅和氧组成的化合物(Si_xO_y),有时亦包括一种或多种金属或氢元素。从概念上可以说,硅酸盐是硅、氧和金属组成的化合物的总称,可用于表示由二氧化硅或硅酸产生的盐。它们大多数不溶于水,熔点高,化学性质稳定,是硅酸盐工业的主要原料。硅酸盐制品和材料广泛应用于各种工业、科学研究及日常生活中。

硅酸盐矿物由于其结构上的特点,种类繁多。地球及其他类地行星的大部分地壳均以硅酸盐组成。自然界存在的各种天然硅酸盐矿物约占地壳质量的 95%。常见的硅酸盐化合物可见下面的列举。

硅酸钠:$Na_2O \cdot SiO_2$【Na_2SiO_3】

石棉:$CaO \cdot 3MgO \cdot 4SiO_2$【$CaMg_3Si_4O_{12}$】

长石:$K_2O \cdot Al_2O_3 \cdot 6SiO_2$【$K_2Al_2Si_6O_{16}$】

普通玻璃的大致组成:$Na_2O \cdot CaO \cdot 6SiO_2$【$CaNa_2Si_6O_{14}$】

水泥的主要成分:$3CaO \cdot SiO_2$【Ca_3SiO_5】,$2CaO \cdot SiO_2$【Ca_2SiO_4】,$3CaO \cdot Al_2O_3$

黏土的主要成分:$Al_2O_3 \cdot 2SiO_2 \cdot 2H_2O$【$Al_2(OH)_4Si_2O_5$】

硅酸钠的水溶液俗称水玻璃,常用于瓦楞纸的粘合。

二、硫酸盐

目前已知的硫酸盐矿物有 170 余种,其中最主要的是含 Ca^{2+},Mg^{2+},K^+,Na^+,Ba^{2+},Sr^{2+},Pb^{2+},Fe^{3+},Al^{3+},Cu^{2+} 的盐。虽然它们只占地壳总重量的 0.1%,但它们中的石膏、硬石膏、重晶石、芒硝等均能富集成具有工业意义的矿床。硫酸盐矿物多数是成分比较复杂的盐类,而且由于大多数硫酸盐矿物含有水,其最突出的物理性质是硬度低,一般在 2～3.5 之间。另外,颜色一般为无色和白色,比重一般也不大,在 2～4 左右。

火山爆发会喷发出硫来,然后硫燃烧生成二氧化硫,二氧化硫遇到水蒸气形成亚硫酸,亚硫酸在空气中被氧气氧化成硫酸,硫酸和地壳中的金属氧化物反应,生成硫酸盐。

自然界中的硫酸钙以石膏矿的形式存在。含有两个结晶水的硫酸钙($CaSO_4 \cdot 2H_2O$)叫做石膏(也叫生石膏)。将石膏加热到 150℃,就会失去大部分结晶水而变成熟石膏($2CaSO_4 \cdot H_2O$)。熟石膏与水混合成糊状后会很快凝固,转化为坚硬的生石膏。利用石膏的这一性质,人们常利用它制作各种模型和医疗上用的石膏绷带。在水泥生产中,可用石膏调节水泥的凝固时间。在石膏资源丰富的地方可以用它来制硫酸。

天然的硫酸钡称为重晶石,它是制取其他钡盐的重要原料。硫酸钡不容易被 X 射线透过,在医疗上可用作检查肠胃的内服药剂,俗称“钡餐”。硫酸钡还可以用作白色颜料,并可做高档油漆、油墨、造纸、塑料、橡胶的原料及填充剂。

硫酸亚铁的结晶水合物俗称绿矾($FeSO_4 \cdot 7H_2O$)。在医疗上硫酸亚铁可用于生产防治缺铁性贫血的药剂,在工业上硫酸亚铁还是生产铁系列净水剂和颜料氧化红铁(主要成分为 Fe_2O_3)的原料。

硫酸铜俗称胆矾,分子式为 $CuSO_4 \cdot 5H_2O$,分子量为 249.68。含水量 36%,是无水硫酸铜吸水后形成的。胆矾是颜料、电池、杀虫剂、木材防腐等方面的化工原料。五水硫酸铜在常温常压下很稳定,不潮解,在干燥空气中会逐渐风化,加热至 45℃时失去二分子结晶水,110℃时失去四分子结晶水,称作一水硫酸铜。200℃时失去全部结晶水而成无水物。无水物也易吸水转变为五水硫酸铜。无水硫酸铜(白色或灰白色粉末)吸水后反应生成五水硫酸铜(蓝色),常利用这一特性来检验某些液态有机物中是否含有微量水分。将无水硫酸铜加热至 650℃高温,可分解为黑色氧化铜、二氧化硫及氧气(或三氧化硫)。

硫酸铝钾俗称明矾,分子式为 $KAl(SO_4)_2 \cdot 12H_2O$,无色结晶或粉末。无气味,微甜而有涩味,有收敛性。在干燥空气中风化失去结晶水,在潮湿空气中溶化淌水。易溶于甘油,能溶于水,水溶液呈酸性,水解后有氢氧化铝胶状物沉淀。不溶于醇和丙酮。熔点 92.5℃。60～65℃硫酸铝钾干燥时失去 9 分子水,在 200℃时 12 个结晶水完全失去,更高温度分解出三氧化硫。明矾的吸附能力很强,可以吸附水里悬浮的杂质,并形成沉淀,使水澄清。所以,明矾是一种较好的净水剂。明矾可由明矾石经煅烧、萃取、结晶而制得。

硫酸钠又名芒硝,外形为无色、透明、大的结晶或颗粒性小结晶,有吸湿性。主要用于制水玻璃、玻璃、瓷釉、纸浆、致冷混合剂、洗涤剂、干燥剂、染料稀释剂、分析化学试剂、医药用品等。

硫酸铝,白色有光泽的结晶、颗粒或粉末。味甜。在空气中稳定。86.5℃时失去部分结晶水,250℃失去全部结晶水。当加热时猛烈膨胀并变成海绵状物质。烧到赤热时分解为三氧化硫和氧化铝。相对湿度较低时风化。易溶于水,几乎不溶于乙醇,溶液呈酸性。硫酸铝是被广泛运用的工业试剂,通常会与明矾混淆。通常被作为絮凝剂,用于提纯饮用水及污水处理设备,也用于造纸工业。硫酸铝主要应用于污水处理作为混凝剂,具有很好的脱色能力,还具有去除重金属离子、去油、除磷、杀菌等功能,尤其对印染废水的脱色和去 COD、电镀废水的铁氧体共沉淀等效果明显。也可用作沉淀剂,可以和硫化物、磷酸盐等生成沉淀物,从而去除硫化物、磷酸盐等。硫酸铝易溶于水,水溶液微酸性,广泛用作饮用水、工业用水的净化处理,适合较低碱度的废水处理,或作为沉淀剂、去除硫离子、磷酸盐离子等。造纸工业中作为松香胶、蜡乳液等胶料的沉淀剂，水处理中作絮凝剂，还可用作泡沫灭火器的内留剂，制造明矾、铝白的原料和石油脱色、脱臭剂、某些药物的原料等，还可制造人造宝石及高级铵明矾。砷含量不大于 5 mg/kg 的产品可用于水处理絮凝剂。

硫酸盐对环境和人都有危害。环境中有许多金属离子，可以与硫酸根结合成稳定的硫酸盐。大气中硫酸盐形成的气溶胶对材料有腐蚀破坏作用，危害动植物健康，而且可以起催化作用，加重硫酸雾毒性；随降水到达地面以后，破坏土壤结构，降低土壤肥力，对水系统也有不利影响。人在大量摄入硫酸盐后出现最主要的生理反应是腹泻、脱水和胃肠道紊乱。人们常把硫酸镁含量超过 600 mg/L 的水用作导泻剂。当水中硫酸钙和硫酸镁的质量浓度分别达到 1 000 mg/L 和 850 mg/L 时，有 50% 的被调查对象认为水的味道令人讨厌，不能接受。

三、盐酸盐

盐酸盐又称氯化物，是氯与另一种元素或基团组成的化合物，也指盐酸的盐或酯。氯化物在无机化学领域里是指带负电的氯离子和其他元素带正电的阳离子结合而形成的盐类化合物。最常见的氯化物为氯化钠（俗称食盐）。

通过金属在氯气中燃烧，可以获得该金属的氯化物。例如，金属钠在氯气中燃烧，形成氯化钠，属于氧化还原反应。

$$2Na + Cl_2 \xrightarrow{\text{点燃}} 2NaCl$$

某些金属与盐酸溶液反应，也可形成该金属的氯化物，属于氧化还原反应。需要注意的一点，不是所有的金属都可以与盐酸反应形成盐，只有在金属活动性顺序列表中排在氢之前的金属才可以与盐酸反应形成氯化物，如钠、镁、铝、钙、钾、铁、锌等，而铜、金、银等金属，则不能与盐酸反应形成氯化物。

$$Mg + 2HCl == MgCl_2 + H_2 \uparrow$$

另外也可以通过氧化物、碳酸盐、氢氧化物等与盐酸反应来得到氯化物。

$$CuO + 2HCl == CuCl_2 + H_2O$$

含有水结晶的氯化物大多是无色的晶体（除氯化铜是蓝色晶体，氯化亚铁是绿色晶体，氯化铁是棕褐色晶体），易溶于水（除氯化银和氯化亚汞不溶于水，氯化铅在冷水中微溶），并形成离子，这也是氯化物溶液导电的原因。氯化物一般具有较高的熔点和沸点（氯化铵会假升华）。

氯化钙是一种无机离子化合物，化学式为 $CaCl_2$。氯化钙可由碳酸钙（大理石）和盐酸反应制取：

$$CaCO_3 + 2HCl == CaCl_2 + H_2O + CO_2 \uparrow$$

氯化钙可以用来熔融电解制备金属钙，广泛应用于生物医学实验缓冲液，其原理是：将目的基因导入受体细胞过程中，可以使用氯化钙增加受体细胞膜的通透性，使得质粒更容易导入。无水氯化钙在实验室用作干燥剂。

氯化铵的化学式为 NH_4Cl，无色立方晶体或白色结晶，其味咸而有微苦。易溶于水和液氨，并微溶于醇，但不溶于丙酮和乙醚。水溶液呈弱酸性，加热时酸性增强。对黑色金属和其他金属有腐蚀性，特别对铜腐蚀更大，对生铁无腐蚀作用。氯化铵受热分解时，

$$NH_4Cl \xrightarrow{\triangle} NH_3 \uparrow + HCl \uparrow$$

但由于这两种气体在冷时立即化合：

$$NH_3 + HCl == NH_4Cl$$

所以在试管或密闭容器中加热氯化铵固体时有"升华"的假象。氨气和氯化氢气体都是无色气体，在靠近时即可化合成氯化铵，一些实验（或"魔术"）即将浓盐酸和浓氨水分别蘸在两只玻璃棒上，当玻璃棒靠近的时候，便会有白烟。氯化铵和氢氧化钙（熟石灰）固体共热，是实验室制备氨气的方法。

氯化镁是一种氯化物,化学式为 $MgCl_2$。无色而易潮解晶体。通常带有 6 分子的结晶水。但加热至 95℃时失去结晶水;135℃以上时开始分解,并释放出氯化氢气体。常在工业上用作生产镁的原料。存在于海水和盐卤中。无水氯化镁的熔点为 714℃。

氯化铝或三氯化铝,化学式为 $AlCl_3$,是氯和铝的化合物。氯化铝熔点和沸点都很低,且会升华(178℃时升华),为共价化合物。熔化的氯化铝不易导电,和大多数含卤素离子的盐类(如氯化钠)不同。氯化铝容易潮解,由于水合会放热,遇水可能会爆炸。它会部分水解,释放氯化氢或氢氯酸。氯化铝的水溶液完全解离,是良好的导电体。溶液呈酸性,这是由于铝离子部分水解造成的:

$$[Al(H_2O)_6]^{3+} + H_2O \rightleftharpoons [Al(OH)(H_2O)_5]^{2+} + H_3O^+$$

氯化铝会被氢氧化钠沉淀,又会在氢氧化钠过量的情况下再次溶解,生成四羟基合铝酸钠(中学课本上称作偏铝酸钠,但它实际上只在固体时存在)。氯化铝在有氯离子时会形成 $AlCl_4^-$ 离子,在有机合成中扮演重要角色。

三氯化铁又称氯化铁,也叫氯化高铁(氯化高铁实际上是错误的叫法),是三价铁的氯化物。它易潮解,在潮湿的空气会水解,溶于水时会释放大量热,并产生咖啡色的酸性溶液。这种溶液可蚀刻铜制的金属,甚至不锈钢。它用于污水处理,以除去水中的重金属和磷酸盐。氯化铁易溶于水和乙醇、甲醇,在水中的溶解度为 92 g。加热至约 315℃,三氯化铁便熔解,然后变成气态。气体内含有一些 Fe_2Cl_6,会渐渐分解成氯化亚铁和氯气。在实验室氯化铁可用来测试酚,方法如下:准备 1‰的三氯化铁液,跟氢氧化钠混合,直到有少量 FeO(OH) 沉淀形成,过滤该混合液。将试料溶于水、甲醇或乙醇。加入混合液,若有明显的颜色转变,即有酚或烯醇在试料内。另外我们可以用它催化双氧水使分解成氧气和水。氯化铁可以用氯化亚铁和氯气反应制取,铁在氯气中燃烧同样可以得到氯化铁。

氯化银是银的氯化物,化学式为 AgCl。由可溶的银化合物(如硝酸银)与氯离子反应获得。离子方程式为

$$Ag^+ + Cl^- = AgCl\downarrow$$

因此可用来检验氯离子的存在。在氰化物溶液中氯化银也能溶解并形成类似的配合离子。在浓盐酸中氯化银可以形成 $[AgCl_2]^-$,因此有限可溶。在氨溶液中加入硫化物,可以形成不可溶的银盐:

$$2[Ag(NH_3)_2]^+ + S^{2-} = Ag_2S\downarrow + 4NH_3\uparrow$$

四、硝酸盐

由金属离子或铵根离子与硝酸根离子组成的盐类是硝酸盐。硝酸盐是离子化合物,含有硝酸根离子 NO_3^- 和另一正离子,如硝酸铵中的 NH_4^+ 离子。重要的硝酸盐有硝酸钠、硝酸钾、硝酸铵、硝酸钙、硝酸铅、硝酸铈等。

硝酸盐极易溶于水,所以溶液中硝酸根不与其他阳离子反应。硝酸盐大量存在于自然界中,主要来源是固氮菌固氮形成,或在有闪电的高温空气中氮气与氧气直接化合成氮氧化物,溶于雨水形成硝酸,再与地面的矿物反应生成硝酸盐。固体的硝酸盐加热时能分解放出氧,其中最活泼的金属的硝酸盐仅放出一部分氧而变成亚硝酸盐,其余大部分金属的硝酸盐,分解为金属的氧化物、氧和二氧化氮。硝酸盐在高温时是强氧化剂,但水溶液几乎没有氧化作用。主要用途是供植物吸收的氮肥,氮元素不仅是氨基酸与蛋白质的主要成分,还可以合成叶绿素,促进光合作用,所以如果植物缺氮就会叶子枯黄。硝酸钠和硝酸钙是很好的氮肥。硝酸钾是制黑色火药的原料。硝酸铵可作肥料,也可制炸药。硝酸与金属、金属氧化物或碳酸盐反应是最简单的制备硝酸盐的方法。

硝酸盐(NO_3^-)与亚硝酸盐(NO_2^-)分别是硝酸(HNO_3)和亚硝酸(HNO_2)的酸根,它们作为环境污染物而广泛存在于自然界中,尤其是在气态水、地表水和地下水中以及动植物体与食品内。硝酸盐与亚硝酸盐被广泛用于肉制品和鱼的防腐和保存。为了使肉制品呈现红色和香味,在每公斤肉食品中加入亚硝酸盐(一般为亚硝酸钠)5 mg 以下,在一定时间内肉色观感良好;加入 20 mg 以上,可呈现商业上需要的稳定色彩;加入 50 mg 则有特殊气味。在硝酸盐还原菌的作用下,硝酸盐被还原为亚硝酸盐。大量亚硝酸盐可使

人直接中毒。亚硝酸盐与人体血液作用，形成高铁血红蛋白，从而使血液失去携氧功能，使人缺氧中毒：轻者头昏、心悸、呕吐、口唇青紫；重者神志不清、抽搐、呼吸急促，抢救不及时可危及生命。

五、碳酸盐

碳酸盐可分正盐 M_2CO_3 和酸式盐 $MHCO_3$（M 为金属）两类。自然界存在的碳酸盐矿有方解石、文石（霰石）、菱镁矿、白云石、菱铁矿、菱锰矿、菱锌矿、白铅矿、碳酸锶矿和毒重石等。

碳酸盐矿物的种数有 95 种左右，其中白云石在自然界分布极广，不少碳酸盐矿物是重要的非金属矿物原料，也是提取 Fe，Mg，Mn，Cu 等金属元素及放射性元素 Th，U 的重要矿物来源，具有重要的经济意义。

碳酸盐和酸式碳酸盐大多数无色。碱金属和铵的碳酸盐易溶于水，其他金属的碳酸盐都难溶于水。碳酸氢钠在水中的溶解度较小，其他酸式碳酸盐都易溶于水。

关于金属碳酸盐和碳酸氢盐在水中的溶解性，一般来说，碳酸盐难溶的金属，碳酸氢盐溶解度相对较大；而碳酸盐易溶的金属，碳酸氢盐的溶解度则明显减小。后一现象目前被认为是 HCO_3^- 离子在溶液中形成了氢键相互缔合，使溶解度减小的缘故。

金属碳酸盐含铜者呈鲜绿或鲜蓝色，含锰者呈玫瑰红色，含稀土者或铁者呈褐色，含钴者呈淡红色，含铀者呈黄色。矿物硬度不大，一般在 3 左右。硬度最大的是稀土碳酸盐矿物，也不超过 4.5。

碳酸锌为白色粉末，无毒，无味。可用于生产人造丝、化肥行业的脱硫剂、催化剂的主要原料，在橡胶制品、油漆其他化工产品中也可广泛应用，在石油钻井中，本品能与 H_2S 反应生成稳定的不溶性 ZnS，且该品加入泥浆后不影响泥浆性能，因而可有效地消除 H_2S 的污染和腐蚀，用作含 H_2S 油气井的缓蚀剂和除硫剂。

碳酸盐在加热时都会分解成金属氧化物并放出二氧化碳，此反应为非氧化还原反应。（对于碳酸银，加热后由于 Ag_2O 不稳定，即分解为单质银和氧气。）不同碳酸盐的热稳定性差异很大。其中碱金属和碱土金属碳酸盐的热稳定性较高，必须灼烧至高温才分解；而有些金属的碳酸盐的热稳性较低，加热到 100℃左右就分解，如碳酸铍等；有的碳酸盐在常温下就可以分解，如碳酸汞。酸式碳酸盐的热稳定性比相同金属的碳酸盐低得多。例如，碳酸钠要在 851℃以上才开始分解，而碳酸氢钠在 270℃左右就明显分解：

$$2NaHCO_3 \xrightarrow{\triangle} Na_2CO_3 + H_2O + CO_2 \uparrow$$

碳酸盐的制法有氨碱法和碱吸收二氧化碳法：

$$NH_3 + H_2O + CO_2 + NaCl == NaHCO_3 + NH_4Cl$$

$$2NaOH + CO_2 == Na_2CO_3 + H_2O$$

$$2NH_3 + CO_2 + H_2O == (NH_4)_2CO_3$$

在碳酸盐中，纯碱（碳酸钠）是重要的化工原料，广泛应用于化工、玻璃、肥皂、造纸、纺织和食品等工业。钾碱（碳酸钾）是玻璃生产的主要原料。小苏打（碳酸氢钠）广泛用于医药和食品工业，也常用于制造灭火器。石灰石、大理石、白云石可用于建筑、水泥和钢铁等工业。

【思考与练习】

1. 什么是盐？盐的结构特点是什么？
2. 简述硝酸盐的利与弊。
3. 碳酸盐与酸式碳酸盐之间怎样转化？
4. 重金属有毒，为什么医学上却把硫酸钡当钡餐？
5. 简述明矾的净水原理。

§4.7　金属的冶炼

问题与现象

> 广西新闻网报道,藤县平福乡沙街村、寻村一带一些非法淘金者开着铲车、钩机,在该地的农田、河流上非法淘金,致使村里大量农田被毁,河道及沿河竹林受到严重破坏。当地有关部门曾进行过整治,但乱采滥挖的违法行为并未得到遏制。他们究竟在这里挖什么呢?

基础知识

自然界绝大多数金属以化合态的方式存在,只有极少数不活泼的金属(如金等)以游离态存在于地壳矿物质中。由于地壳运动和自然作用存在于地壳岩石中的金属,被人们发掘出来,用化学方法使金属以化合态的方式存在转化成游离态,这种方法称为金属的冶炼。

一、钢铁的冶炼

钢铁根据含碳量分为生铁(含碳量2%以上)和钢(含碳量低于2%)。基本生产过程是在炼铁炉内把铁矿石炼成生铁,再以生铁为原料,用不同方法炼成钢,再铸成钢锭或连铸坯。

现代炼铁绝大部分采用高炉炼铁,个别采用直接还原炼铁法和电炉炼铁法。高炉炼铁是将铁矿石在高炉中还原,熔化炼成生铁。此法操作简便,能耗低,成本低廉,可大量生产。生铁除部分用于铸件外,大部分用作炼钢原料。由于适应高炉冶炼的优质焦炭煤日益短缺,出现了不用焦炭而用其他能源的非高炉炼铁法。直接还原炼铁法,是将矿石在固态下用气体或固体还原剂还原,在低于矿石熔化温度下,炼成含有少量杂质元素的固体或半熔融状态的海绵铁、金属化球团或粒铁,作为炼钢原料(也可作高炉炼铁或铸造的原料)。电炉炼铁法,多采用无炉身的还原电炉,可用强度较差的焦炭(或煤、木炭)作还原剂。电炉铁的电加热代替部分焦炭,并可用低级焦炭,但耗电量大,只能在电力充足、电价低廉的条件下使用。

炼钢主要是以高炉炼成的生铁和直接还原炼铁法炼成的海绵铁以及废钢为原料,用不同的方法炼成钢。主要的炼钢方法有转炉炼钢法、平炉炼钢法、电弧炉炼钢法。以上3种炼钢工艺可满足一般用户对钢质量的要求。为了满足更高质量、更多品种的高级钢,便出现了多种钢水炉外处理(又称炉外精炼)的方法。如吹氩处理、真空脱气、炉外脱硫等,对转炉、平炉、电弧炉炼出的钢水进行附加处理之后,可以生产高级的钢种。对某些特殊用途、要求特高质量的钢,用炉外处理仍达不到要求,则要用特殊炼钢法炼制。例如,电渣重熔是把转炉、平炉、电弧炉等冶炼的钢,铸造或锻压成为电极,通过熔渣电阻热进行二次重熔的精炼工艺;真空冶金,即在低于1个大气压直至超高真空条件下进行的冶金过程,包括金属及合金的冶炼、提纯、精炼、成型和处理。表4.7.1是炼铁和炼钢的比较。

表 4.7.1

	炼铁	炼钢
原料	铁矿石、焦炭、石灰石	生铁、废钢
原理	$Fe_2O_3 + 3CO \xrightarrow{\text{高温}} 2Fe + 3CO_2$	用氧气或铁的氧化物除去多余的碳和其他杂质
主要设备	高炉	转炉、平炉、电炉
产品	生铁	钢

钢铁冶炼过程中，为了除去磷、硫等杂质，造成反应性好、数量适当的炉渣，需要加入冶金熔剂（如石灰石、石灰或萤石）等；为了控制出炉钢水温度不致过高，需要加入冷却剂（如氧化铁皮、铁矿石、烧结矿或石灰石）等；为了除去钢水中的氧，需要加入脱氧剂（如锰铁、硅铁等铁合金）等辅助原料。

二、铝的冶炼

许多人常常以为铁是地壳中最多的金属。其实，地壳中最多的金属是铝，其次才是铁，铝占整个地壳总重量的 7.45％，差不多比铁多一倍！地球上到处都有铝的化合物，像普通的泥土中便含有许多氧化铝。最重要的铝矿是明矾矿和铝土矿。我国有极为丰富的铝矿。

现在，铝很普遍，是重要的合金元素。我们平常使用的硬币便是铝做的。在厨房里，铝锅、铝饭盒、铝匙、铝盆、铝勺……应有尽有。然而，100 多年前铝还被认为是一种稀罕的贵金属，价格比黄金还贵，以致被列为"稀有金属"之一。这不足为奇，因为铝的价值完全取决于炼铝工业的水平。铝的藏量虽然比铁多，但是，人们炼铝比炼铁要晚得多。这是因为铝的化学性质比铁活泼，不易还原，从矿石中冶炼铝也就比较困难。据世界化学史记载，金属铝是在 1825 年才被英国化学家戴维制得的。直到 19 世纪末，人们发明了大量生产铝的新方法，即在冰晶石和矾土（氧化铝）的熔融混合物中通入电流进行电解。

生产金属铝（电解铝），第一步先生产氧化铝。世界上的氧化铝几乎都是用碱法生产的，分拜尔法、烧结法和拜尔-烧结联合法，以拜尔法为主。生产一吨金属铝需要两吨氧化铝。以碳棒为阳极，钢内衬为阴极，将三氧化二铝与冰晶石（六氟合铝酸钠）加热熔融后电解，铝将从电解槽的底部流出。图 4.7.1 为电解铝的工艺流程。

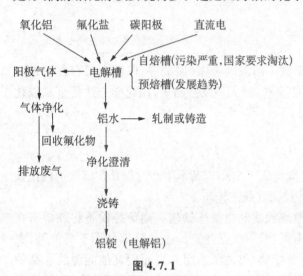

图 4.7.1

$$2Al_2O_3 \xrightarrow{\text{电解}} 3O_2 \uparrow + 4Al$$

三、铜的冶炼

1. 古代炼铜术

我国古代很早就认识到铜盐溶液里的铜能被铁置换，从而发明了水法炼铜。它成为湿法冶金术的先驱，在世界化学史上写有光辉的一页。水法炼铜的原理如下

$$CuSO_4 + Fe = Cu + FeSO_4$$

水法炼铜的优点是设备简单、操作容易，不必使用鼓风、熔炼设备，在常温下就可提取，节省燃料，只要有淡水的地方，都可应用这种方法生产铜。在欧洲，湿法炼铜出现比较晚。15 世纪 50 年代，人们把铁片浸入硫酸铜溶液，偶尔看到铜出现在铁表面时，还感到十分惊讶，更谈不上应用这个原理来炼铜。

2. 实验室氢气还原氧化铜

取少量蒸馏水，均匀地、薄薄地涂在试管底部；然后用纸槽把少许氧化铜粉末送入试管底部，并用玻璃棒把它铺开；最后按课本要求的装置，通入氢气，过一会儿再给氧化铜加热，即可清楚地观察到氧化铜由黑色逐渐变为光亮的红色，试管壁上形成铜镜。

用砂纸将细铜丝擦亮并绕成螺旋状，用镊子夹住铜丝在酒精灯上加热至表面变为黑色为止。将其放入干燥的试管底部，按课本的实验要求进行实验，便可看到明显的实验现象：黑色的 CuO 逐渐变成具有金属光泽的紫红色铜，同时试管口有水珠出现。用表面被氧化成 CuO 的铜丝代替 CuO 粉末，可避免实验后试管被污染，消除清洗试管较难的烦恼，且可以重复使用。

该实验如果采用大号试管（口径在 25 mm 以上），需要较多量的气体才能充满试管，这样会造成实验现象不佳。所以，宜选用口径小些的试管（口径 15～20 mm，长 150～200 mm）。试管的倾斜角度也会影响实

验效果。因为在实验时,氢气流不一定始终保持很大,当气流较缓和时,如按图4.7.2(a)倾斜,由于氢气比空气轻得多,不易充满试管。在图(a)中,虚线为试管口上边缘的水平线,显然虚线的上方是氢气较浓较纯的区域,这时炽热的氧化铜没能全部被纯净的氢气所包围,所以反应速度较慢,有时还可能会发生爆炸。试管口下倾角度的大小,要能使氧化铜处在试管口上边缘的水平线以上,如图4.7.2(b)所示,就能取得较好的实验效果。

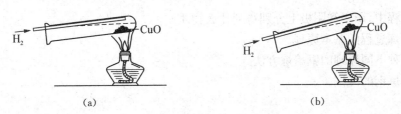

图 4.7.2

$$CuO + H_2 \stackrel{\triangle}{=\!=\!=} H_2O + Cu$$

该实验还需考虑氧化铜的用量及使用方法。氧化铜用量以0.2 g为宜。氧化铜太少,产生的铜镜面积太小;氧化铜太多,产生铜镜需要的时间太长。将约0.2 g氧化铜粉末平铺在试管底部,将验纯后的氢气用导管通到试管底部、氧化铜粉末的上方。氢气流要足够大,在排尽空气的同时,要用氢气将氧化铜粉末吹开、吹散,并薄薄地、均匀地附着在试管底部,加热试管底部4分钟后试管底部出现铜镜。此法在短时间可得到铜镜,但用氢气流将氧化铜粉末吹开,使其在试管底部均匀分布,难以掌握,成功率不大。

3. 电解制铜

电解制铜可见图4.7.3,这种使电流通过电解质溶液在阴阳两极引起氧化还原反应的过程叫电解。$CuSO_4$溶液也可以用作电解制铜,反应如下:

$$2CuSO_4 + 2H_2O \xrightarrow{电解} \underset{阳极}{\underline{2H_2SO_4 + O_2\uparrow}} + \underset{阴极}{\underline{2Cu}}$$

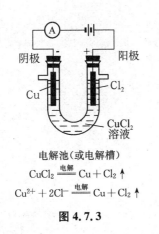

电解池(或电解槽)

$$CuCl_2 \xrightarrow{电解} Cu + Cl_2\uparrow$$

$$Cu^{2+} + 2Cl^- \xrightarrow{电解} Cu + Cl_2\uparrow$$

图 4.7.3

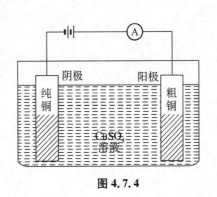

图 4.7.4

4. 电解精炼铜

一般方法冶炼得到的粗铜中含有许多杂质(如锌、铁、银、金等),可能无法满足电气工业的要求,因此必须利用电解的方法对粗铜进行精炼,如图4.7.4所示。此方法可制得纯度为99.95%~99.98%的高纯度铜。

电解时两极发生如下反应:

阳极:$Cu - 2e^- =\!=\!= Cu^{2+}$;阴极:$Cu^{2+} + 2e^- = Cu$

粗铜中含有的其他金属(如锌、铁、银、金等),沉降在阳极附近,俗称阳极泥。

5. 国内外铜冶金技术

现在溶剂萃取—电积工艺已被业界认为是成熟的、低成本、低风险的湿法炼铜技术,该工艺生产中以 H_2SO_4 和 $Fe_2(SO_4)_3$ 为浸出剂,把铜矿物(主要是孔雀石、硅孔雀石、赤铜矿)的铜转化为硫酸铜。

【思考与练习】

1. 电解铜的过程中,阳极和阴极上分别得到什么物质?
2. 简述电解精炼过程的基本原理。
3. 分别写出 3 种不同原理的铜冶炼方法。
4. 简述炼铁和炼钢的区别。

第5章

自然环境中的物质

§5.1 漂白与消毒

问题与现象

　　商贩张某从事木耳、银耳等干货批发生意多年。今年6月,他卖的银耳被工商部门查处,原因是通过取样检测后发现,张某的银耳比普通的鹅黄银耳二氧化硫含量超标5.7倍。据了解,二氧化硫既是漂白剂,也是防腐剂,为了使银耳雪白吸引消费者购买,一些商贩便用硫黄对银耳进行熏蒸漂白。日常生活中食品、衣物、环境是怎样进行漂白消毒的呢?

基础知识

一、卤族元素概述

　　卤族元素指周期系ⅦA族元素,包括氟(F)、氯(Cl)、溴(Br)、碘(I)、砹(At),简称卤素。它们在自然界都以典型的盐类存在,是成盐元素。在有机合成等领域也发挥着重要的作用。表5.1.1给出了卤族元素的一些基本性质。

表5.1.1

元素	氟	氯	溴	碘
元素符号	F	Cl	Br	I
原子序数	9	17	35	53
主要氧化值	-1	$-1,+1,+3,+5,+7$	$-1,+1,+3,+5,+7$	$-1,+1,+3,+5,+7$
原子半径(pm)	64	99	114	133

　　在自然界中,氟元素主要以萤石(CaF_2)和冰晶石(Na_3AlF_6)等矿物存在。氯、溴、碘元素则主要以无机盐的形式存在于海水中,海藻等海洋生物是碘的重要来源。地壳中砹含量只有十亿亿亿分之一,主要是镭、锕、钍自动分裂的产物。砹是放射性元素,其量少、不稳定、难于聚集,谁都没见过它的"庐山真面目"(砹的金属性更强,颜色比碘还要深,可能是呈黑色的固体)。但科学家却合成20种砹的同位素。砹的金属性质比碘还明显一些,可以与银化合形成极难还原的AgAt。砹与氢化合产生的氢砹酸(HAt)是最强的、最不稳定的氢卤酸,但腐蚀性是所有氢卤酸中最弱的。

　　卤素都有较大电负性,容易得到电子,显示出很强的非金属性。在卤族元素中,自上而下,原子半径增大,电负性减小,因此从F到I非金属性依次减弱。卤族元素的第一电离能都比较大,表明它们失去电子的倾向比较小。事实上,卤族元素中只有半径最大、第一电离能最小的碘元素才有失去电子的可能。

二、卤族元素的单质

卤族元素单质的性质见表 5.1.2。常温下，F_2 和 Cl_2 是气体，Br_2 是液体，I_2 是固体。Cl_2 容易液化，在常温下加压至 600 kPa 时，氯气即可转化为黄色的液体。固态碘具有较高的蒸气压，容易升华，加热可直接转化为气态碘。利用碘的这一性质，可对粗制碘进行纯化，还可对淀粉进行鉴别。

表 5.1.2

单质	F_2	Cl_2	Br_2	I_2
聚集状态	气	气	液	固
颜色	浅黄	黄绿	红棕	紫黑
熔点（℃）	−219.6	−101.0	−7.2	113.5
沸点（℃）	−188.0	−34.6	58.8	184.3
溶解度（$[mL \cdot (kgH_2O)^{-1}]$）	分解水	0.732	3.580	0.029
密度（$g \cdot cm^{-3}$）	1.11	1.57	3.12	4.93

卤族元素的单质在水中的溶解度不大。F_2 与水起剧烈反应，并使水分解放出氧气。Cl_2，Br_2 和 I_2 在有机溶剂中的溶解度比在水中大得多，并呈现一定的颜色。I_2 难溶于水，但易溶于 KI 溶液，这主要是由于形成 I_3^- 的缘故：

$$I_2 + I^- \rightleftharpoons I_3^-$$

卤族元素的单质均有刺激气味，强烈刺激眼、鼻、喉、气管的黏膜，吸入蒸气会引起中毒，使用时应注意安全。

卤族元素的单质都具有氧化性。F_2，Cl_2 和 Br_2 是强氧化剂，I_2 是一种中等强度的氧化剂。

F_2 可以与所有金属单质直接作用，与铜、镍和镁作用时，生成一层致密的金属氟化物保护膜，阻止金属进一步氧化，因此氟气可以储存在铜、镍、镁或其合金制成的容器中。Cl_2 也可以与大多数金属单质直接作用，但反应不如 F_2 剧烈。Cl_2 在干燥的情况下不与铁作用，因此可以储存在铁罐中。Br_2 和 I_2 的反应活性较差，常温下只能与活泼金属单质作用，与其他金属单质在较高温度下发生化学反应。

卤族元素的单质都能与氢气直接化合，生成卤化氢。F_2 在低温和暗处即可与 H_2 化合，并放出大量的热引起爆炸。Cl_2 与 H_2 在常温下反应缓慢，在强光照射或高温下，反应瞬间完成并可发生爆炸。Br_2 与 H_2 的反应需加热至 648K 或在紫外线照射下才能进行；I_2 与 H_2 的反应则需要更高的温度或催化剂存在才能进行，并且一般反应不完全。

卤族元素的单质与水发生两类化学反应。第一类反应是卤族元素的单质从水中置换出氧气的反应，

$$2X_2 + 2H_2O \longrightarrow 4HX + O_2$$

第二类反应是卤族元素的单质发生歧化反应，

$$X_2 + 2H_2O \longrightarrow H^+ + X^- + HXO$$

F_2 的氧化性最强，与水只发生第一类反应，反应非常剧烈。Cl_2 只有在光照下缓慢与水反应放出 O_2，Br_2 从水中置换出 O_2 的反应极其缓慢，需要在碱性条件下进行。I_2 与水发生第一类反应，而 O_2 却可以将 HI 氧化，析出 I_2。Cl_2，Br_2 和 I_2 在碱性条件下与 H_2O 主要发生第二类反应。加酸能抑制歧化反应的进行，而加碱则能促进歧化反应的进行。

对于卤素单质的置换反应，卤素单质的氧化能力的大小顺序为：$F_2 > Cl_2 > Br_2 > I_2$，而卤素离子的还原能力的大小顺序为：$I^- > Br^- > Cl^- > F^-$。

卤族元素在自然界大多以化合物的形式存在，因此卤素单质的制备一般采用阴离子氧化法。由于氧化剂不能将 F^- 氧化，因此采用电解氟氢化钾和无水氟化氢熔融混合物的方法制备氟气：

$$2KHF_2 \xrightarrow{\text{电解}} 2KF + H_2\uparrow + F_2\uparrow$$

工业上用电解饱和食盐水溶液制备氯气。实验室通常用二氧化锰与浓盐酸反应制取氯气。

工业上利用海水或卤水制取溴。先通氯气于晒盐后留下的苦卤中,将 Br^- 氧化为 Br_2,然后用空气将 Br_2 吹出,再用 Na_2CO_3 溶液吸收吹出的 Br_2,Br_2 与 Na_2CO_3 溶液反应生成 NaBr 和 $NaBrO_3$:

$$3Br_2 + 3CO_3^{2-} == 5Br^- + BrO_3^- + 3CO_2\uparrow$$

加入硫酸酸化,得到液溴。

$$5Br^- + BrO_3^- + 6H^+ == 3Br_2 + 3H_2O$$

实验室用 Cl_2 氧化 NaBr 制备 Br_2。

碘主要从富含 I^- 的海藻中提取。将 Cl_2 通入用水浸取海藻所得的溶液中,把 I^- 氧化为 I_2,然后用离子交换树脂加以浓缩。

氯气是一种重要的化工原料,主要用于合成盐酸、聚氯乙烯、漂白粉、农药、化学试剂等,氯气也曾用于自来水消毒,现已逐渐被臭氧和二氧化氯代替。溴用于感光材料、染料、药剂、农药和无机溴化物的制备。碘的酒精溶液可用作消毒剂。I_2 也是氧化还原滴定法中碘量法的重要试剂。

卤素的化学性质都很相似,它们的最外电子层上都有 7 个电子,有取得一个电子形成稳定的八隅体结构的卤离子的倾向,卤素都有氧化性,原子半径越小,氧化性越强,因此氟是单质中氧化性最强者。除 F 外,卤素的氧化态为 +1,+3,+5,+7,与典型的金属形成离子化合物,其他卤化物则为共价化合物。卤素与氢结合成卤化氢,溶于水生成氢卤酸。卤素之间形成的化合物称为互卤化物,如 ClF_3(三氟化氯)和 ICl(氯碘化合物)。卤素还能形成多种价态的含氧酸,如 HClO,$HClO_2$,$HClO_3$,$HClO_4$。卤素及其化合物的用途非常广泛。例如,我们每天都要食用的食盐,主要是由氯元素与钠元素组成的氯化物,并含有少量的 $MgCl_2$。

三、卤化氢和卤化物

1. 卤化氢和氢卤酸

卤化氢都是具有强烈刺激性气味的无色气体。

卤化氢水溶液称为氢卤酸,均为无色溶液,氢卤酸的酸性从 HF 至 HI 依次增强,除氢氟酸外,其他氢卤酸均为强酸。习惯上把氢氯酸称为盐酸,市售浓盐酸中 HCl 的质量分数为 37%,浓度为 12 mol/L,密度为 $1.19\ g/cm^3$,是一种重要的化工原料和化学试剂。

氢氟酸能与 SiO_2 或硅酸盐反应,生成 SiF_4 气体,

$$SiO_2 + 4HF == SiF_4\uparrow + 2H_2O$$

$$CaSiO_3 + 6HF == CaF_2 + SiF_4\uparrow + 3H_2O$$

因此,氢氟酸不能用玻璃或陶瓷容器贮,常用于蚀刻玻璃。HF 及其水溶液都有剧毒,损伤呼吸系统和伤害皮肤,使用时应注意防护。

2. 卤化物

非金属卤化物都是共价型卤化物,它们都是分子晶体,熔点、沸点较低,具有挥发性。有些非金属卤化物不溶于水,而溶于水的非金属卤化物通常发生强烈的水解,

$$PCl_5 + 4H_2O == H_3PO_4 + 5HCl$$

$$SiCl_4 + 4H_2O == H_4SiO_4 + 4HCl$$

但 NCl_3 水解反应比较特殊,

$$NCl_3 + 3H_2O == NH_3 + 3HOCl$$

金属卤化物的情况比较复杂,有些金属卤化物属于共价型化合物,有些属于离子型化合物,还有些介

于两类化合物之间,称为过渡型化合物。在金属卤化物中,金属氯化物仅 $AgCl$, Hg_2Cl_2, $CuCl$, $PbCl_2$ 难溶于水,其他金属卤化物易溶于水;金属溴化物和金属碘化物除 Ag^+, Hg_2^{2+}, Cu^+, Pb^{2+} 的溴化物和碘化物难溶于水外,$HgBr_2$,HgI_2 和 BiI_3 也难溶于水;金属氟化物的溶解性则比较特殊。

四、氯的含氧酸及其盐

氯、溴、碘元素均可形成氧化值为 $+1$、$+3$、$+5$、$+7$ 的含氧酸及其盐。

次氯酸是一种极弱的酸,因此次氯酸盐极易水解。次氯酸只存在于溶液中,而且很不稳定,其分解反应有以下两种方式:

$$2HClO = 2HCl + O_2 \uparrow$$

$$3HClO = 2HCl + HClO_3$$

在光照或有催化剂存在时,次氯酸的分解几乎完全按照第一个反应进行;加热时,主要按第二个反应发生歧化反应。

次氯酸极不稳定,实际应用多为次氯酸盐。通常是把氯气通入冷的碱溶液中制备次氯酸盐。次氯酸钙、氯化钙和氢氧化钙组成的混合物就是漂白粉,为白色至灰白色的粉末或颗粒,其有效成分为次氯酸钙,水溶液呈碱性,水溶液释放出有效氯成分,有氧化、杀菌、漂白作用,但有沉渣,水表面有一层白色漂浮物,对胃肠黏膜、呼吸道、皮肤有刺激,并会引起咳嗽和影响视力。

氯酸是强酸,其酸性与盐酸相近。氯酸不稳定,仅存在于溶液中,当 $HClO_3$ 的质量分数超过 40% 时发生分解,反应剧烈,甚至能引起爆炸。

氯酸盐比较稳定。氯酸钾是最重要的氯酸盐,它是无色透明晶体,在二氧化锰存在时,473K 下氯酸钾可分解为氯化钾和氧气。氯酸钾是一种强氧化剂,受热或与易燃物、有机物、硫酸等接触时发生燃烧和爆炸,常用于制造炸药、火柴及烟火等。氯酸盐在酸性溶液中显强氧化性。

无水高氯酸是无色、黏稠状液体,冷、稀溶液比较稳定,浓溶液不稳定。当温度高于 363 K 时,$HClO_4$ 发生分解,可引起爆炸。当溶液中 $HClO_4$ 的质量分数大于 60% 时,与易燃物质接触会发生爆炸。当溶液 $HClO_4$ 的质量分数低于 60% 时,加热接近沸点也不分解。$HClO_4$ 是酸性最强的酸,在水溶液中发生完全解离。

高氯酸盐比较稳定,固体高氯酸盐受热分解,放出氧气,但热分解温度高于氯酸钾。高氯酸盐大多数溶于水,但 K^+, Rb^+, Cs^+, NH_4^+ 的高氯酸难溶于水。

五、漂白与消毒

去除物品原有颜色的所有过程叫漂白。用化学或物理的方法杀灭或清除传媒介质上的病原微生物,使其达到无传播感染水平的处理过程叫消毒。

最彻底的消毒是灭菌,用化学或物理的方法杀灭或清除传媒介质上的病原微生物,使其达到无活微生物存在的处理过程。

其次是防腐,用化学或物理的方法杀灭或清除或抑制无生命有机物体内的微生物,防止其腐败的处理。

消毒的方法有物理方法和化学方法。用物理因素杀灭或清除病原及其他有害微生物的方法是物理消毒法。用化学药物杀病原微生物的方法是化学消毒法。用于化学消毒的化学药物叫化学消毒剂。

干热法是一种相对湿度在 20% 以下的高热消毒法,包括焚烧、灼烧和干烤。

湿热法是由空气和水蒸气传热,包括蒸煮、巴氏消毒、流动蒸气消毒和压力蒸气灭菌。

微波消毒法是用波长在 $1\sim1\,000$ mm、频率为 2 450 MHz 和 915 MHz 的两种电磁波消毒。还有波长为 0.77 μm 的红外线和波长为 253.7 nm 的紫外线、X 射线、频率为 $20\sim200$ KHz 的超声波也是常用的电磁消毒法。

过滤、吸附、自然通风等也能降低微生物的浓度。

相对而言,化学消毒法因其具有使用方便、使用范围广、一次性投资少等优势而被广泛采用,但也有一定的毒性、腐蚀性和存在环境污染的可能性。

　　化学消毒剂按作用水平分为高效、中效和低效 3 种类型：高水平的化学消毒剂可以杀灭一切微生物，包括细菌繁殖体、细菌芽孢、真菌、结核杆菌、亲水病毒和亲脂病毒等，如戊二醛、二氧化氯、过氧乙酸、环氧乙烷；中水平的化学消毒剂可以杀灭除细菌芽孢外的各种微生物，有醇类、酚类和含碘消毒剂等；低水平的化学消毒剂不能杀灭细菌芽孢、结核杆菌、亲水病毒，这类消毒剂有季铵盐消毒剂和双类胍消毒剂等。

　　化学消毒剂按化学性质分为醛类、醇类、酚类、含氯和含碘消毒剂 4 种类型：醛类消毒剂包括甲醛、戊二醛；醇类消毒剂包括乙醇、异丙醇；酚类消毒剂包括苯酚和甲酚皂；84 消毒液为最常见的含氯消毒剂；碘伏和碘酊则是两种常用的含碘消毒剂。

　　化学消毒剂按化学成分可分为氧化型和非氧化型：氧化型消毒剂包括臭氧、二氧化氯、过氧化氢、过氧乙酸、高锰酸钾等；其余的均可划定为非氧化型消毒剂。

 举例应用

　　漂白粉及次氯酸盐的漂白作用主要是利用次氯酸的氧化性。漂白粉使用时最好加酸，使 $Ca(ClO)_2$ 转变成 HClO 后才能具有氧化性，发挥漂白消毒作用。空气中的二氧化碳也能从漂白粉中置换出次氯酸，所以浸泡过漂白粉的棉织物在空气中晾晒也能产生漂白作用。漂白粉置于空气中会逐渐失效，是因为空气中的 CO_2 和 H_2O 与漂白粉作用生成 HClO，而 HClO 不稳定发生分解的结果。

　　目前应用于游泳池的消毒剂有漂白粉、漂水(次氯酸钠)、液氯、三氯异氰尿酸(TCCA)。

　　自来水用紫外线消毒，由于紫外线没有持续杀菌能力，风险极大。用漂白粉消毒会产生一些固体悬浮物，用二氧化氯消毒自来水最关键的一环，就是要有足够的二氧化氯投加量。

 【阅读扩展】

如何正确使用漂白剂？

　　1. 漂白剂的妙用

　　(1) 纸或衣物上的红(蓝)墨水用肥皂洗不掉时，可用 15％ 的漂白粉、15％ 的硼砂和 70％ 的水混合均匀，用这种混合液可洗除。

　　(2) 白棉布上洒有啤酒时，可将布泡在按 1 份漂白粉加 14 份清水的溶液中，几分钟后，把布拿出来再放在滴有几滴氨水的水中洗净。

　　(3) 咖喱沾染了衣服，很难完全去除。棉质衣服以漂白剂漂白，浸于草酸液中，可使咖喱色稍微轻淡。从草酸液中拿出衣服后，用水冲洗将草酸气味去除。

　　(4) 厨房里的木器脏污了，可用含有漂白粉的水浸一夜，第二天用水一冲就干净了。

　　(5) 清洗菜篮，只用洗洁精很难将污垢洗净，清洗时在水中加入少量漂白剂，把菜篮浸泡其中，次日用清水即可洗净。

　　(6) 塑料砧板不吸收水分，不潮湿，使用方便。菜刀留下的裂痕容易藏污纳垢，用去污粉不易去掉。用漂白剂沾在海绵上，挤压着洗刷干净后再用水冲一下即可。

　　(7) 要想使木地板变白，可先用浓度较低的漂白粉溶液(1 L 水加 8 汤匙漂白粉)清洗，然后再用稀释的氨水(1 L 水加 1 咖啡匙氨水)清洗。

　　(8) 深色衣服染上的红药水迹，应赶紧用浓度较低的漂白粉溶液洗。

　　(9) 镀金画框脏污，可打一个鸡蛋黄和漂白水调和起来，然后用这种液体擦拭污迹，再用水清洗，最后揩干，就可消除污迹。

　　(10) 在银器上涂一层浓度较低的漂白粉溶液，人们很快发现，银器皿表面特别是凹陷处会出现黑斑，再按常规处理将其打磨光亮。

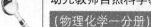
（11）带有黄色斑点的瓷砖,必须使用漂白剂洗刷,能立即去污,十分有效。

（12）新购竹器,先以沸水煮透,再浸入浓度较低的漂白粉溶液中1~2天,可防虫蛀。

（13）花盆中因潮湿而产生的滑腻,仅以水洗是无法去除的,必须使用刷子沾清洁剂刷。产生滑腻的原因是微生物,可使用漂白剂加以漂白,否则插在其中的花会因微生物的作用而容易枯萎。

（14）出门携带使用的水壶,在放一段时间没用后,往往有一种怪味,把水壶和盖子都泡在有漂白剂的水里,浸过一夜,第二天加以彻底清洗,并将其晾干,怪味即会消失。

（15）用松木做家具,由于松油残存在松木里或渗出表面,不仅造成油漆困难,而且影响美观和使用效果。若想除掉松木里的松油,可将20 g漂白粉加温水500 g,使其溶解,用此溶液反复涂刷松木有松油的部位,直到稍有变白,再用水冲净。

（16）在打扫地板时,洒些漂白粉,可消灭跳蚤、蟑螂等害虫。

（17）把20 g漂白粉投入鼠洞内,然后往洞里灌半桶水,速封洞口。漂白粉遇水后即能产生出氯气,老鼠就会被毒死在洞内。

（18）猫喜欢漂白粉溶液的味道,因此,对猫经常呆的地方可用这种溶液清洁。这样,猫就有了比较固定的安身之地。

（19）用漂白粉溶液清除杂草很有效。方法如下:把水洒在要除草的地方,使土地湿透,24 h后再用漂白水洗。这样,杂草很快就枯干。

2. 漂白剂的健康危害

漂白粉作为杀菌消毒剂,正确使用对人体是安全的。但漂白粉具有漂白作用,外观与面粉近似,若混入面粉,很难鉴定。因此一些不法商贩在食品中非法使用漂白粉,如用漂白粉漂白面粉、蘑菇等食品。食用漂白粉漂白的面粉可引起食物中毒。临床表现为首先胃部不适,接着出现恶心、腹痛,进而剧烈呕吐后腹痛逐渐加剧,少数人出现腹绞痛。重者在呕吐、腹痛时,便开始腹泻。本品粉尘对眼结膜及呼吸道有刺激性,可引起牙齿损害。皮肤接触可引起中度至重度皮肤损害。

漂白粉水溶液对胃肠道黏膜有刺激腐蚀性作用。其分解产物氯气是腐蚀性很强的有毒气体,刺激呼吸道及皮肤,能引起咳嗽和影响视力。除了直接饮用漂白粉浓溶液意外,一般在使用其稀溶液的条件下,尚未发现什么问题。若使用浓度高时,容易闻到有氯臭味而加以控制。发生意外时的急救措施如下:

（1）皮肤接触:立即脱去污染的衣着,用肥皂水和清水彻底冲洗皮肤;就医。

（2）眼睛接触:提起眼睑,用流动清水或生理盐水冲洗;就医。

（3）吸入:迅速脱离现场至空气新鲜处,保持呼吸道通畅,如呼吸困难,输氧;如呼吸停止,立即进行人工呼吸;就医。

（4）食入:饮足量温水,催吐;就医。

【思考与练习】

一、填空题

1. 卤族元素原子的核外电子层数虽然不相同,但它们的最外层电子数却相同,而且都只有1个电子,在化学反应中较容易_____1个电子,因此卤族元素在形成化合物时,如果卤族元素在化学式的末尾一般都显_____价。

2. 卤族元素一般表现出较强的非金属性,且非金属性随着元素核电荷数的增加而_____。

3. 在通常情况下卤素单质的水溶液有漂白作用的是_____,单质碘使淀粉溶液变_____。

4. 卤族元素中原子半径最小的是_____。

5. 加热单质的碘,使固态的碘变气态的现象称为_____。

6. 碘在水中的溶解比在有机溶剂中的溶解更_____。

7. 氯水、液氯、次氯酸盐溶液中含有相同的_____。

8. 日常生活中用作调味的卤化物是_____。

9. 卤族元素包括氟氯溴碘和_____。

二、问答题

1. 氯水的主要成分有哪些？
2. 含氯漂白制品的漂白原理是什么？

三、实验题

为验证卤素单质氧化性的相对强弱,某小组用如图 5.1.1 所示装置进行实验(夹持仪器已略去,气密性已检验)。

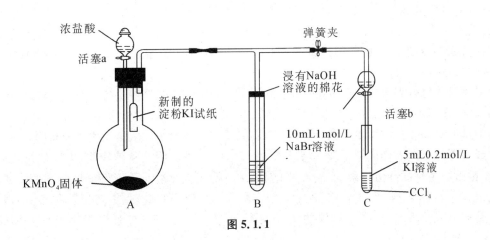

图 5.1.1

实验过程:

Ⅰ. 打开弹簧夹,打开活塞 a,滴加浓盐酸。

Ⅱ. 当 B 和 C 中的溶液都变为黄色时,夹紧弹簧夹。

Ⅲ. 当 B 中溶液由黄色变为棕红色时,关闭活塞 a。

回答问题:

(1) A 中产生黄绿色气体,其化学式是_____。

(2) 验证氯气的氧化性强于碘的实验现象是_____。

(3) B 中溶液发生反应的离子方程式是_____。

(4) 为验证溴的氧化性强于碘,过程Ⅳ的操作和现象是_____。

(5) 过程Ⅲ的实验目的是_____。

(6) 氯、溴、碘单质氧化性逐渐减弱的原因是:同主族元素从上到下,得电子能力逐渐_____。

§5.2 元素与人体健康

 问题与现象

　　根据 1992 年进行的全国第三次营养调查发现,钙、锌、硒等矿物质和微量元素的摄取都低于供给量标准,我国儿童佝偻病与老年人的骨质疏松症等都与钙缺乏有关。据中国儿童发展中心对 22 个省市 11 万婴幼儿的调查,佝偻病的发病率占 32% 以上,其中有些省市占 50% 以上;铁的摄取量多为植物性铁,吸收率只有 5%,妇女及儿童的铁缺乏与缺铁性贫血状况仍较严重。

　　据卫生部统计,我国每天约有 15 000 余人死于慢性病,大多数的慢性疾病都是由于营养问题所造成的。由营养问题带来的慢性疾病,并非都源于人们的食物与营养缺乏,主要的原因是人们的营养知识不足,在日常饮食中营养过剩或营养不良、不均衡,无怪乎许多学者说:"中国人最缺的不是营养,而是营养知识。"

基础知识

一、微量元素

人体内的大量元素又称为主要元素，共有 11 种，按需要量由多至少顺序排列为：氧、碳、氢、氮、钙、磷、钾、硫、钠、氯、镁，其中氧、碳、氢、氮占人体质量的 95%。习惯上把含量高于 0.01% 的元素，称为常量元素；低于此值的元素，称为微量元素。微量元素虽然在体内含量约占 1%，但它们在生命过程中的作用不可低估。没有这些必需的微量元素，酶的活性就会降低或完全丧失，激素、蛋白质、维生素的合成和代谢就会发生障碍，人类生命过程就难以继续。

微量元素是每人每日需要量在 100 mg 以下的元素，仅占人体元素总量的 0.05%，包括铁、铜、锌、锰、钼、钴、钒、镍、铬、锡、氟、碘、硒、硅、砷、硼、锶、锂、锗、铝、钡、铊、铅、镉、汞以及稀土元素等数十种。微量元素分为必需微量元素和非必需微量元素，而非必需微量元素又分为无毒微量元素和有毒微量元素。

在人体或高等动物体内构成细胞或体液的特定生理成分，具有明显营养作用，人体生理过程中必不可少，缺乏该元素后产生特征性生化紊乱、病理变化及疾病，补充该元素能纠正特征性病理变化或治愈，称为必需微量元素。它们是铁、铜、锌、锰、铬、钼、钴、钒、镍、锡、氟、碘、硒、硅，是维持机体很多具有特殊生理功能酶系的重要成分或激活剂，在维持机体的生长发育、遗传、新陈代谢、能量转换等方面发挥极其重要的作用。

非必需微量元素中，凡未发现有营养作用，又无明显毒害作用的元素，称为无毒微量元素，如钡、钛、铌、锆等；凡无营养作用，人体又对其缺乏精密调节机制，且在体内具有蓄积倾向和明显毒害作用的微量元素归入有毒微量元素，如铅、汞、镉、铊、铝、锑等。

二、元素与人体健康

1. 钙

人体中的钙 99% 沉积在骨骼和牙齿中，总量超过 1 kg，有人体"生命元素"的美誉。其余的 1% 存在于血液和软组织细胞中，发挥调节生理功能的作用。

钙离子对血液凝固有重要作用。缺钙时，血凝发生障碍，人体会出现牙龈出血、皮下出血点、不规则子宫出血、月经过多、尿血、呕血等症状。

钙离子对神经、肌肉的兴奋和神经冲动的传导有重要作用。缺钙时人体会出现神经传导阻滞和肌张力异常等症状。

钙离子对细胞的黏着、细胞膜功能的维持有重要作用。细胞膜既是细胞内容物的屏障，更是各种必需营养物质和氧气进入细胞的载体。正常含量的钙离子能保证细胞膜顺利地把营养物质"泵"到细胞内。

钙离子对人体内的酶反应有激活作用。大家都知道，酶是人体各种物质代谢过程的催化剂，是人体一种重要的生命物质，钙缺乏即会影响正常的生理代谢过程。

钙离子对人体内分泌腺激素的分泌有决定性作用，对维持循环、呼吸、消化、泌尿、神经、内分泌、生殖等系统器官的功能至关重要。

总之，钙是人体不可或缺的微量元素，它既是身体的构造者，又是身体的调节者。

2. 铁

一般成年人体内含铁约 3～5 g，相当于一枚小铁钉的重量，主要存在血液当中。这些铁主要是以络离子的形式存在，可与血红素、蛋白质等形成血红蛋白和肌红蛋白，起到运输和贮存氧的作用。当人体缺铁时会影响血红蛋白和肌红蛋白的形成，从而使血液中的红细胞数量或血红蛋白含量降低，影响载氧量，引起整个肌体的生理紊乱，这就是贫血。

防止人体缺铁最方便的方法是通过饮食调节，多食用含铁质较多的动物肝脏和其他内脏，其次是瘦肉、蛋黄。在一些蔬菜和水果中也含有较多的铁质。另外使用铁锅炒菜也能补充人体铁质。在酸性条件下人体肠胃有利于铁的吸收，因此在食物中含有带酸性的维生素 C 有利于铁的吸收和利用。

3. 铜

铜是人体必需的微量元素之一,为血浆铜蓝蛋白、超氧化物歧化酶、细胞色素 c 氧化酶等的构成要素,在成年正常人体内含量约为 $60 \sim 120$ mg,分布在身体各部分,在肝、脑、心脏及肾内浓度较高。在血液中铜主要存在于红细胞和血清中。与铁相似,铜也参与人体内的造血过程,催化血红蛋白的合成,同时又是人体内的一些金属酶的组成成分。若人体内铜的含量降低,神经、肌肉及肝脏等组织中的氧化代谢无法得到调节,人体就会出现动作失调、神经失常等症状。若在婴幼儿时期严重缺铜,表现为生长发育停滞,瘦小羸弱,毛发退色、稀疏,不能耐受阳光照射,面无表情,反应迟钝,精神、运动系统发育迟缓,肌张力低下,脂溢性皮炎,浅表静脉扩张。若成年人严重缺铜,因缺铜后骨质中胶原纤维合成受损,表现为骨骼缺损、骨质疏松,长骨和肋骨易骨折,X 线检查可见长骨端部张开,干骺分离,形成杯状凹陷,伴有骨刺形成和骨膜增生,中性粒细胞减少,小细胞低色素性贫血,肝、脾肿大,血清白蛋白、丁球蛋白、血清铁降低,血清铜及 CP 含量减少,免疫力低下,易患呼吸道感染。

当人体缺乏铜时,在膳食方面可多食肉类、蛋类、豆类、粗粮、蔬菜等含铜丰富的食品或服用铜制剂药物。

4. 锌

锌在人体内几乎都是以 Zn^{2+} 的形式结合于细胞蛋白而存在,通过对头发的含锌量检测,可以判断人体的锌含量。

味蕾和味觉蛋白中含有锌,且含锌的碱性磷酸酶也分布于动物的味蕾中。味觉素是一种与味觉有关的蛋白质,有营养和促使味蕾生长的作用,它可作为介质影响味觉和食欲。

人体缺锌可影响脑垂体释放促性腺激素,使性成熟延迟,性腺功能减退。

锌与人体多个系统的疾病有密切联系,如心血管系统、造血系统、内分泌系统、泌尿系统、消化系统、免疫系统、生殖系统、神经系统等,直接影响遗传、生长发育及衰老。

锌缺乏症常见于食物含锌量低,不良的饮食习惯和医源性供锌不足,锌吸收障碍,锌排出过多,如肾病变、肝硬化、透析等,生理或病理需锌量增加。人类锌缺乏症是一种或多种锌的生物学功能降低的结果,组织锌含量无明显减少。首先的反应是生长缓慢,而后会出现皮炎、腹泻、头发稀黄、视力下降甚至死亡等多种临床并发症。

锌影响胎儿的发育。

5. 锰

锰参与许多酶催化反应,是一切生物离不开的。

6. 钼

微量元素钼在人体内分布很广,成年人体内含钼总量约 9 mg,在体内分布以肝内含量最高,肾其次。近年来研究表明,缺钼可导致神经异常,智力发育迟缓,影响骨骼生长。更为严重的是人体内含钼量降低可提高食管癌的发病率。众所周知,亚硝胺类致癌物是诱发食管癌的重要因素,亚硝胺类的前体是亚硝酸盐和胺类,它们在适当的酸碱条件下合成亚硝胺。亚硝酸盐主要来自环境中的 NO_3^-,因此降低 NO_3^- 的来源是阻断食管癌高发的有效措施。钼是一种有实用意义的抗癌元素,它能有效降低亚硝胺前体 NO_3^- 和 NO_2^-,抑制亚硝胺类致癌物的产生。

钼的摄入量与饮食有关,动物肝肾、谷物、豆类物质含钼丰富,实为补钼佳品。

7. 钒

正常成年人体内共含钒约 25 mg,血液中钒含量甚微,人体内钒多集中在骨骼和牙齿中。钒能刺激人体的造血功能,使血红蛋白及红细胞均增多,促进人体的造血功能得以改善。钒还能抑制胆固醇的合成,减轻诱发动脉硬化的程度。若人体内钒的含量降低,则导致骨骼发育不正常,生长缓慢,生殖功能受损。另外,牙釉质和牙本质都属于羟磷灰石,钒可以置换到羟磷灰石中,起到预防龋齿的作用。

8. 钴

钴是维生素 B12 的必要组分,B12 是形成红细胞所必需的成分。钴对蛋白质、脂肪、糖类代谢、血红蛋白的合成都具有重要的作用,并可扩张血管、降低血压。但钴过量可引起红细胞过多症,还可引起胃肠功能紊乱、耳聋、心肌缺血。

9. 铬

在由胰岛素参与的糖或脂肪的代谢过程中，铬是必不可少的一种元素，也是维持正常胆固醇所必需的元素。铬可协助胰岛素发挥作用，防止动脉硬化，促进蛋白质代谢合成，促进生长发育。但当铬含量增高，如长期吸入铬酸盐粉，可诱发肺癌。

10. 氟

氟是人体必需的 14 种微量元素之一，也是人体组成成分之一。正常人骨骼中含氟约在 0.01%～0.02%，在牙齿中氟的含量约在 0.01%～0.03%。适量氟化物能促进机体的生长发育，可对机体的代谢产生一定的积极影响，能提高神经和神经肌肉接头兴奋的传导性；并可促进动物对铁的吸收，提高血中铁和铜的水平，能降低患龋率，维持牙的健康。氟过少会影响牙与骨的发育，易患龋齿病；氟过多会引起中毒。急性中毒者表现为恶心、呕吐、腹泻，甚至肠道出血，血钙平衡失调，肌肉痉挛，虚脱，呼吸困难；重者引起心、肝、肾器质性损害，以至昏迷；慢性中毒者会患氟牙症与氟骨症。

人体内的氟含量取决于饮水中氟化物的浓度、日摄氟总量以及机体与氟化物接触的持续时间。水为主要来源，约占 65%，饮用水中含氟量的卫生标准是 0.7～1.0 mg/L，我国约有 7 亿人的饮用水氟含量低于 0.5 mg/L，需要食用加氟盐或选用含氟牙膏，一些矿区或高氟水地区则需要控氟。

11. 钠

我们知道食盐的主要成分是氯化钠，这是人们生活中最常用的一种调味品。但是食盐的作用绝不仅仅是增加食物的味道，食盐中所含的钠是人体组织中的一种基本成分，对保证体内正常的生理、生化活动和功能，起着重要作用。Na^+ 和 Cl^- 在体内的作用是与 K^+ 等元素相互联系在一起的，错综复杂。其最主要的作用是控制细胞、组织液和血液内的电解质平衡，以保持体液的正常流通和控制体内的酸碱平衡。Na^+ 与 K^+，Ca^{2+}，Mg^{2+} 还有助于保持神经和肌肉的适当应激水平；$NaCl$ 和 KCl 对调节血液的适当黏度或稠度起作用；胃里开始消化某些食物的酸和其他胃液、胰液及胆汁里的助消化的化合物，也是由血液里的钠盐和钾盐形成的。此外，适当浓度的 Na^+，K^+ 和 Cl^- 对于视网膜对光反应的生理过程也起着重要作用。可见，人体的许多重要功能都与 Na^+，K^+ 和 Cl^- 有关，体内任何一种离子的不平衡（多或少），都会对身体产生不利影响。例如，运动过度、出汗太多时，体内的 Na^+，K^+ 和 Cl^- 大为降低，就会出现不平衡，使肌肉和神经反应受到影响，导致恶心、呕吐、衰竭和肌肉痉挛等现象。因此，运动员在训练或比赛前后，需要改用特别配制的饮料，以补充失去的盐分。

由于新陈代谢，人体内每天都有一定量的 Na^+，K^+ 和 Cl^- 从各种途径排出体外，因此需要膳食给予补充，正常成人每天氯化钠的需要量大约为 3～9 g。此外，常用淡盐水漱口，不仅对咽喉疼痛、牙龈肿疼等口腔疾病有治疗和预防作用，还可以预防感冒。

12. 溴

溴主要以溴化物的形式存在。在人体的微量元素中，溴是仅次于铁和锌的含量较高的微量元素。一般成年人溴的人体含量约 200 mg，60% 分布在肌肉中。一般人每天从食物中摄取 7.5 mg 以上，吸收率达 99%，其中 90% 以上是通过肾脏由泌尿器官排出体外，并不在体内潴留。

溴对人体作用的主要机理在于对大脑皮层的高级神经活动有一定的调节作用，能增强抑制过程。虽然它是否为人体必需的微量元素、它在人体生理过程中的具体作用还不十分清楚，但是，已经发现震动病系统病损为主的疾病与溴的代谢有关。在医疗上，溴化物具有镇静和催眠作用，临床上广泛应用溴化物治疗神经衰弱、失眠、精神紧张等病症；与苯妥英钠同时应用，可治疗惊厥和癫痫。

但是，在生化作用过程中，溴可以部分替代碘，因而过量溴的摄入可能导致碘的吸收障碍，以至造成发生皮疹、上呼吸道刺激性炎症和高级神经活动的某些障碍。鉴于一般天然矿泉水中溴的含量不会高到影响健康的程度，因而在我国未作含量限定，只规定它的界限含量指标为 1.0 mg/L。因此，常饮溴含量较高的矿泉水，可满足人体中溴的代谢需要，对健康是有益的。

13. 碘

碘是人体的必需微量元素之一，有"智力元素"之称。健康成人体内碘的总量为 30 mg（20～50 mg），其中 70%～80% 存在于甲状腺。一般成年人对碘的耐受量为 1 000 mg。

碘能促进生物氧化,调节蛋白质合成和分解,促进糖和脂肪代谢,调节水盐代谢,促进维生素的吸收利用,增强酶的活力,促进生长发育。

胎儿期缺碘,容易导致流产、死胎、先天畸形、围生期死亡率增高、婴幼儿期死亡率增高,以及地方性克汀病、神经运动功能发育落后、胎儿甲状腺功能减退。新生儿期缺碘,会出现新生儿甲状腺功能减退、新生儿甲状腺肿。儿童期和青春期缺碘,会出现甲状腺肿、青春期甲状腺功能减退、亚临床型克汀病(呆小症)、智力发育障碍、体格发育障碍、单纯聋哑。成人期缺碘,会出现甲状腺肿及其并发症、甲状腺功能减退、智力障碍、碘致性甲状腺功能亢进。

日常生活中食用碘盐补碘。国家规定在每克食盐中添加碘 20 mg,全民可通过食用加碘盐这一简单、安全、有效和经济的补碘措施,来预防碘缺乏病。加碘盐是用碘酸钾按一定比例与普通食盐混匀。由于碘是一种比较活泼、易于挥发的元素,含碘食盐在贮存期间可损失 20%～25%,加上烹调方法不当又会损失 15%～50%,所以需要正确使用加碘盐。首先,碘盐不能放在温度较高、阳光照射的地方。应在菜即将出锅时加盐,防止高温挥发减少含碘量,降低效果。

海带、紫菜、海白菜、海鱼、虾、蟹、贝类食物含碘也很丰富,可以多食。

婴幼儿食用加碘奶粉。考虑到婴幼儿时期的饮食主要是乳制品,我国政府同时还规定在婴幼儿奶粉中也必须加碘。

饮用天然矿泉水标准限制碘化物的含量必须小于 0.5 mg/L(以 I^- 计)。

14. 硒

硒作为一种必需微量元素,其生化功能是多方面的,其中最重要的是硒的抗氧化性,可以说,硒的抗氧化性是硒生化作用的基础。硒参与酶的催化反应;增强机体免疫力,能促进淋巴细胞产生抗体,使血液免疫球蛋白水平增高或维持正常,增强机体对疫苗或其他抗原产生抗体的能力,具有抗癌作用;参与阻断自由基反应;硒是体内拮抗有毒物质的保护剂。

缺硒所引发的克山病是一种地方性心肌病,首次发现于我国黑龙江省克山县,而后又陆续在东北、华北和西南一带发现,患者多为青壮年和育龄妇女。

大骨节病是一种地方性畸形性骨关节病,其病区常与克山病区重叠,故有"克山病的姊妹病"之称。

食物中海味、小麦、大米、大蒜、芥菜及肉类含硒量较高,所以身体健康正常的人每天通过合理调节膳食,一般可以满足身体对硒的需要。

15. 砷

砷能使多种酶的活性受到影响,进而影响细胞的正常代谢。砷是一种毛细血管毒物,也是一种神经毒物,具有原浆毒作用,能麻痹毛细血管,引起血管壁通透性增加,致使血管神经功能紊乱,组织细胞营养缺乏。砷可诱导细胞凋亡,也可造成染色体的破坏,有致突变和致畸作用。

急性砷中毒的常见原因是误食砷杀虫药(如三氧化二砷),一般在 30 min 后出现症状,主要表现为口内出现金属味,口腔和喉部有烧灼感,内脏毛细血管麻痹和渗透性增高而产生症状和体征,如腹部绞痛、恶心、呕吐、频频腹泻、大便水样带血、粪似霍乱的"米汤样大便",中毒者发生脱水、血尿,并很快出现休克。

慢性砷中毒表现为皮肤色素异常和角化过度,有心血管系统的损害呼吸系统症状,以及鼻黏膜萎缩、嗅觉减退、听力障碍、视野异常等症状。

地方性砷中毒简称地砷病,是一种生物地球化学性疾病。居住在特定地理环境条件下的居民,长期通过饮水、空气或食物摄入过量的无机砷,从而引起以皮肤色素脱失或/和过度沉着、掌跖角化及癌变为主的全身性的慢性中毒。

16. 铝

铝在自然界的丰度甚高,且又广泛存在于动、植物体内。就人的健康、生化功能而言,铝被认为是一种非必需性的低毒微量元素。

一般认为,铝有选择性地损害执行学习记忆功能的神经元区域,随后出现运动功能失调和屈肌群与伸肌群的紧张状态,动物变得神情淡漠,也可能发生肌肉阵挛抽搐,甚至癫痫发作。若用抗癫痫药治疗,受试动物(特别是猫)可存活,但仍处于一种慢性非进展性的脑损害状态。

免疫系统对 Al^{3+} 的毒性很敏感,淋巴细胞对 Al^{3+} 的亲和力相当强,故认为 Al^{3+} 对机体具有免疫抑制作用。

近年发现与铝中毒有关的早老性痴呆、透析性脑病和帕金森病等，也属于免疫功能紊乱性疾病。

铝与胶原蛋白结合沉积于骨骼，抑制成骨细胞和破骨细胞增殖及其正常功能，干扰骨磷酸酶产生及骨内钙、磷结晶的形成。

粉丝、油条中都含有大量的铝。许多药物里也含有大量的铝。例如，治疗胃酸使用的胃舒平，其主要成分是氢氧化铝。氢氧化铝的含铝量是 34.6%，长期服用胃舒平定会导致体内铝过量。治疗鼻炎的康鼻炎中也含有氢氧化铝。

 举例应用

为什么会发生缺钙？

体内大部分的钙来自食物。在物质生活十分丰富的今天，为什么还会有人缺钙呢？究其原因，不外乎以下两个方面。

第一，入不敷出。成年人每日会失去 30～50 mg 的骨钙用以补充血钙，致使成年人骨钙每年以 1% 的速度亏损。到了 50 岁，骨钙会减少 30%；至古稀之年，减少量可超过 50%。血钙为什么会不足？这与饮食有关。我国居民摄入的食物中谷物所占比例较大，而谷物中的钙含量相当少。含钙量高的食品如牛奶、大豆、芝麻酱、海带、虾皮、坚果等，由于饮食习惯的原因，还是普通居民餐桌上的"稀客"。

第二，吸收率低。补钙的关键是吸收，否则补得再多也是白搭。人体对钙的吸收和利用受多种因素的制约：①受体内激素的调节。人进入中老年期，机体吸收钙的能力下降，特别是绝经后的妇女，雌激素的分泌减少，吸收钙的能力进一步下降。②体内钙与磷的比例为 2：1 时，有利于钙的吸收和利用。当磷的含量增加时，钙磷比例失调，过多的磷不利于钙的吸收与利用。③钙的吸收只有分解成离子（离子钙）才能完成。如果胃肠功能不佳或患有胃病，不能正常分泌胃酸使钙离子化，吃进去的钙再多，也会是"匆匆过客"，终会排出体外。④许多人只注意补钙，不了解吸收情况，补钙的同时，又进食含有草酸、植酸等食物。比如粮食中含植酸较多，菠菜、苋菜、竹笋等蔬菜含草酸较多，这些物质与钙结合，成为难以吸收的钙盐（草酸钙、植酸钙），干扰钙的吸收。⑤我国居民，尤其是北方人，口味普遍偏重，食盐摄入过多，而食盐能阻止钙的吸收。⑥早晨人体对钙的吸收能力最强，但是很多人早餐过于简单，有的干脆不吃。⑦患有慢性病长期卧床的患者，活动少，晒太阳少，维生素 D 合成就少，从而影响钙的吸收。

 【阅读扩展】

可怕的疾病

猫也会发疯，甚至跳海自杀。这是 20 世纪 50 年代初，在日本熊本县水俣湾附近的小渔村中发生的奇闻。

1953 年，在水俣湾有一个人起初口齿不清，面部痴呆，后来耳朵聋了，眼睛失明，全身麻木，最后精神失常，高声嚎叫而死。当时人们不知道这是什么病。直到 1956 年，又有 96 人得了同样的病，其中 18 人死亡。此后，以日本熊本大学为主组成的医学研究所，开展流行病学调查，并把猫死、人病的现象联系起来进行分析，最终找到了致病的根源。

原来，这是由于摄入富集在鱼类中的甲基汞引起的中枢神经性疾病。因为最早发生在日本熊本县水俣湾附近，所以称为水俣病。如果短时间内摄入甲基汞 1 000 mg，就可出现急性症状（如痉挛、麻痹等），并很快死亡；如果短时间内摄入 500 mg 以上的甲基汞，就可相继出现肢端感觉麻木、中心性视野缩小、语言和听力障碍、运动失调等症状。

那么，甲基汞是从哪里来的呢？原来，建在水俣镇附近的一家氮肥厂，在三四十年代相继采用汞催化剂生产醋酸乙烯和氯乙烯，大量含有甲基汞的废水、废渣排放到水俣湾。甲基汞进入水体以后，靠水体自净难以消除,就使鱼类、贝类体内富集了甲基汞。人或猫吃了含有甲基汞的鱼类、贝类,就会生病死亡。

据 1972 年日本环境厅公布,日本前后 3 次发生水俣病,患者计 900 人,受威胁的人达 2 万人以上。

痛痛病是首先发生在日本富山县神通川流域的一种奇病,因为病人患病后全身非常疼痛,终日喊痛不止,因而取名"痛痛病"(亦称骨痛病)。在日本富山县,当地居民同饮一条叫作神通川河的水,并用河水灌溉两岸的庄稼。后来日本三井金属矿业公司在该河上游修建了一座炼锌厂。炼锌厂排放的污水中含有大量的镉,整条河都被炼锌厂的含镉污水污染了,河水、稻米、鱼虾中富集大量的镉,然后又通过食物链,使这些镉进入人体并富集下来,使当地的人们得了奇怪的骨痛病。镉进入人体,使人体骨骼中的钙大量流失,病人骨质疏松、骨骼萎缩、关节疼痛。曾有一个患者,打了一个喷嚏,竟使全身多处发生骨折。另一患者最后全身骨折达 73 处,身长为此缩短了近 30 cm,病态十分凄惨。痛痛病在当地流行 20 多年,造成 200 多人死亡。

1929 年,斯特拉查首先报道,南非约翰内斯堡 30 岁以上的居民里,有 81% 的人体内含铁血黄素增多,其中 10% 以上的人发生肝硬化,而肝硬化的病人中又有 3% 转变成肝癌。在美国和英国等地,同样是抽烟者,铁矿工人的肺癌发病率比非矿工要高,据研究就是铁颗粒和粉尘等协同作用的结果。在身体内铁含量太高引起的血色病患者中,早期就可以诱发肝硬化,有 5%～20% 的肝硬化病人转为肝癌。另外,乙型肝炎与肝癌关系紧密,而血清铁蛋白太多,有助于乙型肝炎病毒的复制与持续感染。

【思考与练习】

一、填空题

1. 人体内的大量元素称为_____,习惯上把含量高于 0.01% 的元素称为_____,低于此值的元素称为_____。微量元素虽然在体内含量很少,但它们在生命过程中的作用不可低估。

2. 人体能够吸收和利用的铁为_____。

3. 与骨骼发育有关的元素是_____。

二、问答题

1. 简述食盐的生理功能。

2. 儿童和成人缺碘会导致什么疾病?

§5.3　自然界中的硫循环

问题与现象

人类的进步依赖于科技的进步和物质的丰富,从人们的衣食住行各个方面得以体现。从原始的刀耕火种,到今天的机械化、电气化、智能化,传统的燃煤取火,逐渐被燃气、电磁加热取代,为什么现代生活提倡少用或不用煤(煤球或煤炭)作燃料呢?

基础知识

一、氧族基础

氧族元素是元素周期表上的ⅥA 族元素(IUPAC 新规定为 16 族),如图 5.3.1 所示。这一族包含氧(O)、硫(S)、硒(Se)、碲(Te)、钋(Po)共 5 种,其中钋为金属,碲为类金属,氧、硫、硒是典型的非金属元素。

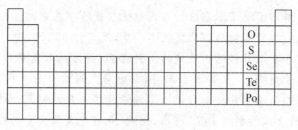

图 5.3.1

在标准状况下，除氧单质为气体外，其他元素的单质均为固体。化合物中，氧、硫、硒、碲 4 种元素通常显 -2 价氧化态，稳定性从氧到碲降低；硫、硒、碲最高氧化态可达 +6。氧、硫、硒的单质可以直接与氢气化合，生成氢化物。一些过渡金属常以硫化物矿的形式存在于地壳中，如 FeS_2，ZnS 等。

硒、碲均为稀散元素。钋是世界上最稀有的元素。钋同位素中最普遍、最易得的是钋-210，其半衰期仅有 138 天，其放射性比镭大近 5 000 倍。钋-210 危险性很大，在操作时即便很小量也要格外小心谨慎。

氧族元素能与大多数金属反应，均能与氢化合生成气态氢化物，均能在氧气中燃烧，氧化物对应的水化物为酸，都具有非金属性。常见的氧族元素的化合物有氧化物、硫化物、硫酸盐、亚硫酸盐、硒酸盐和碲酸盐。

二、氧气、臭氧和硫

氧气通常条件下是呈无色、无臭和无味的气体，密度为 1.429 g/L，1.419 g/cm³（液），1.426 g/cm³（固），熔点是 -218.40℃，沸点是 -182.96℃，在 -182.96℃ 时液化成淡蓝色液体，在 -218.40℃ 时凝固成雪状淡蓝色。固体的化合价一般为 0 和 -2。除惰性气体外的所有化学元素都能同氧形成化合物。大多数元素在含氧的气氛中加热时可生成氧化物，有许多元素可形成一种以上的氧化物。氧分子在低温下可形成水合晶体 $O_2 \cdot H_2O$ 和 $O_2 \cdot H_2O_2$，后者较不稳定。氧气在水中的溶解度是 4.89 ml/100 ml 水（0℃），是水中生命体的基础。氧在地壳中丰度占第一位。干燥空气含有 20.95% 体积的氧，水里有 88.81% 重量的氧。除了 O^{16} 外，还有 O^{17} 和 O^{18} 同位素。

氧气的化学性质比较活泼。除了稀有气体、活性小的金属元素（如金、铂、银）之外，大部分的元素都能与氧气反应，这些反应称为氧化反应，而经过反应产生的化合物（有两种元素构成，且一种元素为氧元素）称为氧化物。一般而言，非金属氧化物的水溶液呈酸性，而碱金属或碱土金属氧化物则为碱性。此外，几乎所有的有机化合物，可在氧中剧烈燃烧生成二氧化碳与水。化学上曾将物质与氧气发生的化学反应定义为氧化反应，氧化还原反应指发生电子转移或偏移的反应。氧气具有助燃性和氧化性。当氧的浓度超过 40% 时，有可能引发氧中毒。

气态氧由液态氧经汽化而成，液氧为浅蓝色液体，并具有强顺磁性。通常气压（101.325 kPa）下，密度为 1.14 g/cm³，凝固点为 50.5 K（-222.65℃），沸点为 90.2 K（-182.96℃）。工业上制造液氧的方法是对液态空气进行分馏。液氧的总膨胀比高达 860∶1，因为这个优点它被广泛应用于工业生产、医学和军事方面。由于它的低温特性，液氧会使其接触的物质变得非常脆。液氧也是非常强的氧化剂，有机物在液氧中剧烈燃烧。一些物质若被长时间浸入液氧可能会发生爆炸，包括沥青。在航天工业中，液氧是一种重要的氧化剂，通常与液氢或煤油（二者作为还原剂）搭配作为推进剂使用。

臭氧是氧的同素异形体，在常温下，它是一种有特殊臭味的蓝色气体。臭氧主要存在于距地球表面 20 km 的同温层下部的臭氧层（平流层）中。它吸收对人体有害的短波——紫外线，防止其到达地球。

臭氧极易分解，很不稳定。它不溶于液态氧、四氯化碳等。有很强的氧化性，在常温下可将银氧化成氧化银，将硫化铅氧化成硫酸铅。臭氧可使许多有机色素脱色，侵蚀橡胶，很容易氧化有机不饱和化合物。

硫是黄色或淡黄色固体，熔点 254℃，沸点 962℃。不溶于水，能溶于酒精，易溶于二硫化碳。密度大约是水的两倍，很脆，容易研磨成粉末。能与大多数金属和氢气反应，在强碱中发生歧化反应。

硫的化合价为 -2，0，+2，+4 和 +6。

三、二氧化硫

二氧化硫的化学式 SO_2，是最常见的硫氧化物。无色气体，有强烈刺激性气味。二氧化硫是大气主要污染物之一。火山爆发时会喷出该气体，在许多工业过程中也会产生二氧化硫。由于煤和石油通常都含有硫化合物，因此燃烧时会生成二氧化硫。当二氧化硫溶于水中，会形成亚硫酸（酸雨的主要成分）。若把二氧化硫进一步氧化，通常在催化剂（如二氧化氮）的存在下，便会生成硫酸。

二氧化硫可以通过硫的燃烧取得，也可以通过铜和浓硫酸反应制得：

$$O_2 + S \xrightarrow{\text{点燃}} SO_2$$

$$Cu + 2H_2SO_4(\text{浓}) \xrightarrow{\triangle} CuSO_4 + SO_2\uparrow + 2H_2O$$

实验室中则用稀硫酸和亚硫酸钠制备二氧化硫：

$$H_2SO_4 + Na_2SO_3 == Na_2SO_4 + SO_2\uparrow + H_2O$$

SO_2 是酸性氧化物，具有酸性氧化物的通性。可以与水作用得到二氧化硫水溶液，即亚硫酸（中强酸），但溶液中不存在亚硫酸分子。SO_2 有还原性，在有水存在时，

$$SO_2 + Cl_2 + 2H_2O == H_2SO_4 + 2HCl$$

二氧化硫可以被氧气氧化生成三氧化硫，还可以被硝酸、高锰酸钾、溴等氧化。

SO_2 也有氧化性，可以和还原性物质（如硫化氢）反应：

$$2H_2S + SO_2 == 2H_2O + 3S$$

SO_2 有漂白性，它的漂白作用是与某些有色物质生成不稳定的无色物质，但这只是暂时的，这种无色物质容易分解使物质恢复原来的颜色，如被二氧化硫漂白的品红加热可以恢复颜色。工业上用二氧化硫漂白纸张，纸张久置后会逐渐变黄，就是因为失去了二氧化硫的缘故。SO_2 的漂白属于化学变化。

四、硫化氢

硫化氢是一种无机化合物，化学式为 H_2S。正常情况下是一种无色、易燃的酸性气体，浓度低时带恶臭，气味如臭蛋；浓度高时反而没有气味（高浓度的硫化氢可以麻痹嗅觉神经）。它能溶于水，0℃时 1 体积水能溶解 2.6 体积左右的硫化氢。硫化氢的水溶液叫氢硫酸，是一种弱酸，当它受热时，硫化氢又从水里逸出。硫化氢是一种急性剧毒，吸入少量高浓度硫化氢可于短时间内致命。低浓度的硫化氢对眼、呼吸系统及中枢神经都有影响。

硫化氢自然存在于原油、天然气、火山气体和温泉之中，它也可以在细菌分解有机物的过程中产生。

硫化氢是酸性的，它与碱及一些金属（如银）有化学反应。例如，硫化氢和银接触后，会产生黑褐色的硫化银：

$$H_2S + 2Ag == Ag_2S + H_2\uparrow$$

五、三氧化硫

三氧化硫是一种硫的氧化物，分子式为 SO_3。它的气体形式是一种严重的污染物，是形成酸雨的主要来源之一。三氧化硫中，硫的氧化数为 +6。三氧化硫的熔点很低，只有 16.9℃，沸点也只有 45℃。

SO_3 是硫酸（H_2SO_4）的酸酐。因此，可以发生以下反应：

$$SO_3 + H_2O == H_2SO_4$$

这个反应进行得非常迅速，而且是放热反应。

实验室通常通过热分解硫酸氢钠来制取三氧化硫，此外，三氧化硫还可以通过二氧化氮和二氧化硫来制取。

六、硫酸

硫酸分子式为 H_2SO_4，是一种无色黏稠高密度的强腐蚀性液体。硫酸是一种重要的化工原料，被称为"化学工业之母"，也是一种常见的化学试剂。硫酸具有极强的腐蚀性，在使用时应非常小心。

硫酸的熔点为 10℃，沸点为 290℃，和水混溶。硫酸溶于水强烈放热，因此在稀释硫酸的时候要注意"酸入水"。

浓硫酸有脱水性，如将浓硫酸滴在蔗糖上，白色的糖逐渐转成黑色，并释出白色的气体（水蒸气蒸发至空气中冷凝成水珠）。浓硫酸有吸水性，可以强烈地吸收水分并放出热量。（如果吸收的是水分子，那么是吸水性；如吸收五水硫酸铜中的五分子水，则是脱水性。）

浓硫酸有酸性和氧化性，其氧化性一般要在加热的情况下才能体现出来。例如，浓硫酸可以氧化单质铜。

$$Cu + 4H_2SO_4(浓) \xmable{\triangle} 2CuSO_4 + 2SO_2\uparrow + 2H_2O$$

浓硫酸氧化金属不放出氢气，而是放出二氧化硫。浓硫酸也能氧化非金属，如磷、硫、硒、碳等。

稀硫酸和活泼金属反应放出氢气，例如，锌和硫酸反应生成硫酸锌和氢气，这一反应在实验室用来制取氢气。

$$Zn + H_2SO_4 == ZnSO_4 + H_2\uparrow$$

硫酸能和金属氧化物反应，

$$CuO + H_2SO_4 == CuSO_4 + H_2O$$

这种制取硫酸铜的方式比用浓硫酸直接制取氧化铜要环保。

硫酸可以和某些盐反应，

$$BaCl_2 + H_2SO_4 == BaSO_4\downarrow + 2HCl$$

硫酸的酸性可以使石蕊溶液变红。

七、自然界的硫循环

陆上火山爆发，使地壳和岩浆中的硫以 H_2S、硫酸盐和 SO_2 的形式排入大气。海底火山爆发排出的硫，一部分溶于海水，一部分以气态硫化物逸入大气。陆地和海洋中的一些有机物质由于微生物分解作用，向大气释放 H_2S，其排放量随季节而异，其中温热季节高于寒冷季节。海洋波浪飞溅，使硫以硫酸盐气溶胶形式进入大气。

陆地植物可从大气中吸收 SO_2。陆地和海洋植物从土壤和水中吸收硫。吸收的硫构成植物本身的机体。植物残体经微生物分解，硫成为 H_2S 逸入大气。

大气中的 SO_2 和 H_2S 经氧化作用形成硫酸盐，随降水降落到陆地和海洋。SO_2 和硫酸盐还可由于自然沉降或碰撞而被土壤和植物或海水所吸收。由陆地排入大气的 SO_2 和硫酸盐可迁移到海洋上空，沉降入海洋。同样，海浪飞溅出来的硫酸盐也可迁移沉降到陆地上。陆地岩石风化释放出的硫可经河流输送入海洋。水体中硫酸盐的还原是由各种硫酸盐还原菌进行反硫化过程完成的。在缺氧条件下，硫酸盐作为受氢体而转化为 H_2S。

举例应用

人类活动中常常用煤球或煤炭作燃料，获取热能用于做饭、取暖等，工业生产中也常用煤炭做为原料生产其他产品或为生产提供热能。但是煤在燃烧过程中，除了能够释放出热能外，还能产生大量的二氧化碳和二氧化硫，如果燃烧不充分，还能产生一氧化碳毒气，同时燃煤必然会产生大量粉尘和固体垃圾。所以城市禁止用煤(煤球或煤炭)作燃料,提倡使用其他的清洁环保能源。

【思考与练习】

一、填空题

1. 氧族元素随着核电荷数的增加,非金属性逐渐_____。

2. 臭氧和氧气互为_____。

3. 氧族元素的单质中,常温下为气体的是_____。

4. 氧族元素的单质中,导体是_____。

5. 氧族元素的单质中,半导体是_____。

6. 空气中的二氧化硫主要来自_____。

7. 浓硫酸稀释时能_____大量的热。

8. 浓硫酸在常温下可以使_____等金属钝化。

二、问答题

1. 试用两种方法制取硫酸,并从原料、操作、环境友好程度等方面予以比较。

2. 含硫矿物在空气中燃烧后最终会转化成什么?

3. 简述二氧化硫与氯水漂白的区别。

4. 简述燃煤带来的污染。

§5.4 自然界中的氮循环

问题与现象

人要吃饭,庄稼要养份。这些养份主要是什么? 农民种庄稼时都要向土壤施加氮肥,氮肥是什么化学物质? 俗语说,"庄稼一枝花,全靠肥当家,只要雷雨下,庄稼就猛发。"这其中有什么道理?

基础知识

一、氮族元素

氮族元素是元素周期表ⅤA(第五主族)的所有元素,包括氮(N)、磷(P)、砷(As)、锑(Sb)和铋(Bi)共 5 种。这一族元素在化合物中可以呈现-3,$+1$,$+2$,$+3$,$+4$,$+5$ 等多种化合价。它们的原子最外层都有 5 个电子,最高正价都是$+5$ 价。

氮族元素在地壳中的质量分数分别为氮 0.002 5%,磷 0.1%,砷 1.5×10^{-4}%,锑 2×10^{-5}%,铋 4.8×10^{-6}%。

氮族元素的原子结构特点是原子的最外电子层都有 5 个电子,这就决定了它们均处在周期表中第ⅤA族,最高正价均为$+5$ 价。若能形成气态氢化物,则均显-3 价,气态氢化物化学式可用 RH_3 表示。最高氧化物的化学式可用 R_2O_5 表示,其对应水化物为酸。它们中大部分是非金属元素。

氮族元素随着原子序数的增加,电子层数逐渐增加,原子半径逐渐增大,最终导致原子核对最外层电子的作用力逐渐减弱,原子获得电子的趋势逐渐减弱,因而元素的非金属性也逐渐减弱。比较明显的表现是,它们的气态氢化物稳定性逐渐减弱($NH_3 > PH_3 > AsH_3$);它们的最高价氧化物对应水化物的酸性逐渐减弱($HNO_3 > H_3PO_4 > H_3AsO_4$);另一方面,随着原子序数的增加,原子失去电子的趋势逐渐增强,元素的金属性逐渐增强，砷虽是非金属，却已表现出某些金属性，而锑、铋明显表现出金属性。

二、氮气

氮气通常情况下是一种无色无味无臭的气体，且通常无毒。氮气占大气总量的 78.12%（体积分数），是空气的主要成分。常温下为气体，在标准大气压下冷却至 $-195.8℃$ 时，变成没有颜色的液体，冷却至 $-209.9℃$ 时，液态氮变成雪状的固体。

由于氮分子中三键键能很大，不容易被破坏，因此其化学性质十分稳定，只有在高温高压并有催化剂存在的条件下，可与某些物质发生化学变化，用来制取对人类有用的新物质。

氮气可以和氢气反应生成氨。

$$N_2 + 3H_2 \underset{高温高压}{\overset{催化剂}{\rightleftharpoons}} 2NH_3$$

氮气与硼要在白热的温度才能反应：

$$2B + N_2 === 2BN（大分子化合物）$$

氮化硼陶瓷是一种新型超硬、耐磨、耐高温、抗氧化结构陶瓷，广泛用于生产轴承、汽轮机片和模具。

氮气与硅和其他族元素的单质一般要在高于 1 473 K 的温度下才能反应。

氮气还是合成纤维（锦纶、腈纶）、合成树脂、合成橡胶等的重要原料。

氮是一种营养元素，可以用来制作化肥，如碳酸氢铵（NH_4HCO_3）、氯化铵（NH_4Cl）、硝酸铵（NH_4NO_3）等氮肥。

三、磷

元素周期表的第 15 号化学元素磷，处于第三周期第 VA 族。单质磷有几种同素异形体，其中，白磷或黄磷是无色或淡黄色的透明结晶固体，密度为 1.82 g/cm^3。熔点 44.1℃，沸点 280℃，着火点是 40℃。放于暗处有磷光发出，恶臭，有剧毒。白磷几乎不溶于水，易溶解于二硫化碳溶剂中，在高压下加热会变为黑磷，其密度为 2.70 g/cm^3，略显金属性。

白磷经放置或在 250℃隔绝空气加热数小时或暴露于光照下可转化为红磷。红磷是红棕色粉末，无毒，密度为 2.34 g/cm^3，熔点 59℃（在 1 个标准大气压下，熔点是 590℃，升华温度 416℃），沸点 200℃，着火点 240℃。不溶于水。白磷用于制造磷酸、燃烧弹和烟雾弹。红磷用于制造农药和安全火柴。

在自然界中，磷以磷酸盐的形式存在，是生命体的重要元素。存在于细胞、蛋白质、骨骼和牙齿中，几乎参与所有生理上的化学反应。磷还是使心脏有规律跳动、维持肾脏正常机能和传达神经刺激的重要物质。

四、氨气

氨气常温下为气体，无色有刺激性恶臭的气味，易溶于水。氨气主要用作致冷剂及制取铵盐和氮肥。氨溶于水时，氨分子跟水分子通过氢键结合成一水合氨（$NH_3 \cdot H_2O$），一水合氨能小部分电离成铵离子和氢氧根离子，所以氨水显弱碱性，能使酚酞溶液变红色。氨与酸作用可得到铵盐。

$$NH_3 + HCl === NH_4Cl$$

实验室，氨常用铵盐与碱作用或利用氮化物易水解的特性制备，实验室制取氨气的装置如图 5.4.1 所示。

$$2NH_4Cl + Ca(OH)_2 === 2NH_3 \uparrow + CaCl_2 + 2H_2O$$

$$Li_3N + 3H_2O === 3LiOH + NH_3 \uparrow$$

用湿润的红色石蕊试纸检验，试纸变蓝，或用玻璃棒蘸取浓盐酸或者浓硝酸靠近产生白烟，均能证明有氨气生成。

$NH_4Cl, Ca(OH)_2$　棉花

图 5.4.1

五、硝酸

硝酸的分子式为 HNO_3 ,是一种有强氧化性、强腐蚀性的无机酸,酸酐为五氧化二氮。硝酸的酸性较硫酸和盐酸小,易溶于水,在水中完全电离,常温下其稀溶液无色透明,浓溶液无色透明,但浓硝酸易分解产生二氧化氮,常温下显棕色。硝酸不稳定,易见光分解,应置于棕色瓶中于阴暗处避光保存,严禁与还原剂接触。

在空气中产生白雾,是硝酸蒸汽与水蒸气结合而形成的硝酸小液滴。

硝酸能使羊毛织物和动物组织变成嫩黄色。硝酸有强腐蚀性。

硝酸在工业上主要以氨氧化法生产,用以制造化肥、炸药、硝酸盐等。在有机化学中,浓硝酸与浓硫酸的混合液是重要的硝化试剂。浓硝酸与浓盐酸的 1∶3 混合液叫王水,几乎能溶解所有金属。

六、氮氧化物

氮氧化物指的是只由氮、氧两种元素组成的化合物。常见的氮氧化物有一氧化氮(NO,无色)、二氧化氮(NO_2,红棕色)、笑气(N_2O)、五氧化二氮(N_2O_5)等,其中除五氧化二氮常态下呈固态外,其他氮氧化物常态下都呈气态。作为空气污染物的氮氧化物(NO_x)常指 NO 和 NO_2。

天然排放的 NO_x,主要来自土壤和海洋中有机物的分解,属于自然界的氮循环过程。人为活动排放的 NO,大部分来自化石燃料的燃烧过程,如汽车、飞机、内燃机及工业窑炉的燃烧过程;也来自生产、使用硝酸的过程,如氮肥厂、有机中间体厂、有色及黑色金属冶炼厂等。据 20 世纪 80 年代初估计,全世界每年由于人类活动向大气排放的 NO_x 约 5 300 万吨。NO_x 对环境的损害作用极大,它既是形成酸雨的主要物质之一,也是形成大气中光化学烟雾的重要物质。

在高温燃烧条件下,NO_x 主要以 NO 的形式存在,最初排放的 NO_x 中 NO 约占 95%。但是,NO 在大气中极易与空气中的氧发生反应,生成 NO_2,故大气中 NO_x 普遍以 NO_2 的形式存在。空气中的 NO 和 NO_2 通过光化学反应,相互转化而达到平衡。在温度较高或有云雾存在时,NO_2 进一步与水分子作用形成酸雨中的第二重要酸分——硝酸。在有催化剂存在时,如加上合适的气象条件,NO_2 转变成硝酸的速度加快。特别是当 NO_2 与 SO_2 同时存在时,可以相互催化,形成硝酸的速度更快。

此外,NO_x 还可以因飞行器在平流层中排放废气,逐渐积累而使其浓度增大。NO_x 再与平流层内的 O_3 发生反应生成 NO 与 O_2,NO 与 O_3 进一步反应生成 NO_2 和 O_2,从而打破 O_3 平衡,使 O_3 浓度降低,导致 O_3 层的耗损。

七、铵盐

氨与酸反应的生成物都是由铵离子和酸根离子构成的离子化合物,这类化合物称为铵盐。铵盐都是白色晶体,易溶于水,溶水时吸热。

铵盐具有不稳定性,非氧化性酸形成的铵盐受热分解成氨气和对应的酸。

铵盐与碱反应生成氨气,可以用来检验 NH_4^+ 。用湿润的红色石蕊试纸在瓶口验证。

$$NH_4^+ + OH^- \stackrel{\triangle}{=\!=\!=} NH_3 \uparrow + H_2O$$

八、自然界的氮循环

将空气中游离态的氮转化为含氮化合物的过程叫做氮的固定。工业上用氮气合成氨,在放电条件下制备氮的氧化物再合成硝酸盐或铵盐等都属于人工固氮。

雷电时大气中有氮的氧化物生成,以及豆科作物根瘤中的固氮菌常温下将空气中的氮气转化为硝酸盐的方法叫自然固氮。

豆科植物中寄生有根瘤菌,它含有氮酶,能使空气里的氮气转化为氨,再进一步转化为氮的化合物。除豆科植物的根瘤菌外,还有牧草和其他禾科作物根部的固氮螺旋杆菌、一些原核低等植物——固氮蓝藻、自生固氮菌体内都含有固氮酶,这些酶有固氮作用。这一类属于自然固氮的生物固氮。

由于人为和自然的原因,使得氮在自然、人和动物界间不断循环,如图5.4.2所示。

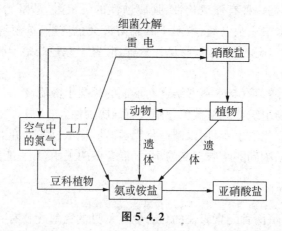

图 5.4.2

举例应用

农民种庄稼时都要向土壤中施加由人工方法合成的氮肥,这些氮肥主要是指含氮元素的化学物质,如硝酸铵、硫酸铵、碳酸氢铵、尿素等,充足的氮肥可以促进植物的茎叶生长。雷雨发生时大气中氮气转化为氮的氧化物,进一步转化为硝酸盐,相当于为植物施加了氮肥,同时也为植物提供了足够的水分,植物由于养份充足而生长茂盛。

【思考与练习】

一、填空题

1. 氮族元素位于周期表的_____族。

2. 氮族元素共有_____种元素。

3. 氮族元素中非金属性最强的是_____。

4. 氮族元素原子的最外层电子数为_____。

5. 氮族元素中随着核电荷数的递增,原子半径逐渐_____。

6. 氮族元素中随着核电荷数的递增,得到电子的能力逐渐_____。

7. 氮族元素中随着核电荷数的递增,非金属性逐渐_____。

8. 氮气可用作保护气是因为其化学性质_____。

9. 氮族元素的最高正价是_____。

10. 氮族元素的负价是_____。

11. 液态氨在汽化时要吸收大量的热,故液氨作_____剂。

12. 氮的氧化物中 NO 和 NO_2 都是_____。

二、问答题

1. 氮气化学性质不活泼的原因是什么?

2. 怎样检验氨气是否充满试管?

3. 浓硫酸、浓盐酸和浓硝酸三者分别敞放在空气中,各会发生什么变化?

4. 固态氯化铵受热变成气体,气体遇冷又变成固态氯化铵;固态碘受热变成蒸汽,蒸汽遇冷又变成固态碘。这两种现象的本质是否相同?

5. 简述浓硝酸不慎弄到人体皮肤上的处理方法。

6. 为什么氨水呈碱性?

7. 简述从氯化钠中分离出氯化铵的方法。

8. 金属铜虽然化学性质不太活泼,但也能在一定条件下与某些物质(如氧气、稀硝酸、浓硝酸、浓硫酸、氯气等)发生反应。请写出铜与这些物质反应的化学方程式(需注明反应条件)。

§5.5　环境污染与保护

问题与现象

环境问题已经成为全球关注的热点问题。"地球是我家,保护靠大家!"联合国环境规划署把每年的6月5日定为世界环境日,人们也把每年4月22日作为世界地球日,这些都是为了一个目的,为了拯救人类赖以生存的地球! 通常所说的环境污染主要指哪些呢? 如图5.5.1所示,环境污染主要包括固体废弃物污染、水体污染和大气污染。

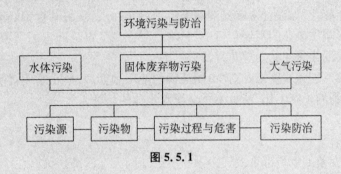

图 5.5.1

1998年3月,装载近19万立方米原油的埃克森-瓦尔迪兹号油轮在阿拉斯加威廉王子海湾触礁,13个油箱中有8个破裂,大约有4万立方米原油泄入海中,浮油沿阿拉斯加海岸蔓延,导致300万只海鸟丧生。清污工作历时6个月之久,动用了85架飞机、1 000余艘船只,上万人参与,耗资6.5亿美元。埃克森公司声称50%受污染的海洋已被清理,但据专家估计,只有其中10%的地区适合生物生存,遭到破坏的生态环境估计10年后才能恢复。

基础知识

一、固体废弃物污染

固体废弃物(通常称为垃圾)是指在生产建设、日常生活和其他活动中产生的污染环境的固态、半固态废弃物质。

城市是产生垃圾最多的地方,主要的特点为数量大,品种多,变化大。垃圾污染大气、土壤和水体,通过食物链危害人体健康。垃圾使空气中细微颗粒增加,垃圾释放毒气和沼气,造成大气二次污染。垃圾渗滤液污染地表水和地下水,危害水生生物,使河流湖泊面积减少,排灌能力降低。垃圾有毒液体杀害土壤的微生物,破坏土壤的腐解能力,且有毒物质通过土壤在生物体内蓄积。

提高公民环保意识,对垃圾实行分类回收,以及对固体废弃物作无害化处理,是解决固体废弃物的重要措施。

二、水体污染

水体重金属污染主要是未经处理的工业废水、农药残留物等随雨水冲刷于江河中,使重金属(如汞、铅、铬、镉、锌等)沉积于水体底质。生活在水中的鱼类,在呼吸过程中吸入的水含重金属,经口腔进入体循环,而且鱼体表也容易吸附重金属而进入鱼体。

富营养化现象。藻类死亡残体被分解后,氮、磷等植物营养物质重新释放到水中,形成周而复始的物质循环,使水生生态系统受到严重破坏,水深变浅,湖泊沼泽化。

水化现象。湖中植物光合作用受阻而死亡,本身有毒,并伴有恶臭,残体分解时要消耗大量溶解氧而导致缺氧,使鱼类大量死亡。近海石油的开采、加工和运输过程中,大量石油流失到海洋中,造成范围极广的海洋污染,因为石油在氧化过程中消耗大量溶解氧,阻碍海藻的光合作用。

海洋赤潮。赤潮又称红潮,是海洋生态系统中的异常现象。它是海藻在特定环境下爆发性增殖造成的。海水温度高,利于生物的生长繁殖,海边如果海域封闭,海流影响小,不利于扩散,人口增多,含氮磷废水排入多等因素都容易引发海洋赤潮。

赤潮使海水变色,PH值升高,黏稠度增加,非赤潮藻类的浮游生物会死亡、衰减;赤潮藻也因爆发性增殖、过度聚集而死亡。浮游生物、藻类死亡腐败会造成海域大面积缺氧,甚至处于无氧状态,同时还会释放出大量有害气体和毒素,严重污染海洋环境,使海洋的正常生态系统遭到严重的破坏。

赤潮危害之一是危及养殖业和渔业,缺氧和毒素,会使鱼、虾、蟹、贝、蛤、蛏等大量死亡;赤潮危害之二是危及人体健康,赤潮藻类毒素污染海水,会使游泳者、作业者眼睛、口腔、咽喉、皮肤受到损害,严重者可导致失明、神经麻痹甚至死亡,如误食含有赤潮藻类毒素的鱼、虾、贝、蟹等食物会引起中毒,严重者将导致死亡;赤潮危害之三是影响旅游业的发展。目前,日本是受赤潮危害最严重的国家之一。我国最严重海洋赤潮发生在珠江口,高发期为每年的5至7月。

积极治理工业"三废";加强对剧毒农药、鱼用药物的使用和管理;禁止滥用食品添加剂;积极开展动物性食品的污染和残留毒物的检测工作,能减少重金属对水体的污染。

三、大气污染

凡是能使空气质量变差的物质都是大气污染物。已知的大气污染物约有100多种,分为自然因素(如森林火灾、火山爆发等)和人为因素(如工业废气、生活燃煤、汽车尾气等)两种,并且后者为主要因素,主要因工业生产和交通运输所造成。

大气污染物按其存在状态可分为两大类:一种是气溶胶状态污染物,另一种是气体状态污染物。气溶胶状态污染物主要有粉尘、烟液滴、雾、降尘、飘尘、悬浮物等。气体状态污染物主要有以二氧化硫为主的硫氧化合物,以二氧化氮为主的氮氧化合物,以二氧化碳为主的碳氧化合物,以及碳、氢结合的碳氢化合物。大气中不仅含无机污染物,而且含有机污染物。

大气中有害物质的浓度越高,污染就越重,危害也就越大。污染物在大气中的浓度,除了取决于排放的总量外,还同排放源高度、气象和地形等因素有关。

污染物一进入大气,就会稀释扩散。风越大,大气湍流越强,大气越不稳定,污染物的稀释扩散就越快;反之,污染物的稀释扩散就慢。在后一种情况下,特别是在出现逆温层时,污染物往往可积聚到很高浓度,造成严重的大气污染事件。降水虽可对大气起净化作用,但因污染物随雨雪降落,大气污染会转变为水体污染和土壤污染。

地形或地面状况复杂的地区,会形成局部地区的热力环流,如山区的山谷风,滨海地区的海陆风,以及城市的热岛效应等,都会对该地区的大气污染状况发生影响。

烟气运行时,碰到高的丘陵和山地,在迎风面会发生下沉作用,引起附近地区的污染。烟气如越过丘陵,在背风面出现涡流,污染物聚集,也会形成严重污染。在山间谷地和盆地地区,烟气不易扩散,常在谷地和坡地上回旋。特别在背风坡,气流作螺旋运动,污染物最易聚集,浓度就更高。夜间,由于谷底平静,冷空气下沉,暖空气上升,易出现逆温,整个谷地在逆温层覆盖下,烟云弥漫,经久不散,易形成严重污染。

位于沿海和沿湖的城市,白天烟气随着海风和湖风运行,在陆地上易形成"污染带"。

高烟囱排放虽可降低污染物近地面的浓度,但是也能把污染物扩散到更大的区域,从而造成远离污染源的广大区域的大气污染。大气层核试验的放射性降落物和火山喷发的火山灰可广泛分布在大气层中,造成全球性的大气污染。

南方降雨多,大量酸性气体随雨水降落地面;南方多低山丘陵,空气流动性差,而北方风力大,酸性气体易扩散;北方多碱性土壤,大气中碱性土壤颗粒与酸雨中和;南方煤炭含硫量高,排放的酸性气体多,所以我国南方的酸雨比北方严重。

大气污染对人体的影响,首先是感觉上不舒服,生理上出现可逆性反应,再进一步就出现急性危害症状。大气污染对人的危害大致可分为急性中毒、慢性中毒和致癌3种。

大气污染物主要分为有害气体(二氧化碳、氮氧化物、碳氢化物、光化学烟雾和卤族元素等)及颗粒物(粉尘和酸雾、气溶胶等)。它们的主要来源是工厂排放、汽车尾气、农垦烧荒、森林失火、炊烟(包括路边烧烤)、尘土(包括建筑工地)等。

大气污染物对工业的危害主要有两种:一是大气中的酸性污染物和二氧化硫、二氧化氮等,对工业材料、设备和建筑设施的腐蚀;二是飘尘增多给精密仪器、设备的生产、安装、调试和使用带来的不利影响。大气污染对工业生产的危害,从经济角度来看就是增加了生产的费用,提高了成本,缩短了产品的使用寿命。

大气污染对农业生产也造成很大危害。酸雨可以直接影响植物的正常生长,又可以通过渗入土壤及进入水体,引起土壤和水体酸化、有毒成分溶出,从而对动植物和水生生物产生毒害。严重的酸雨会使森林衰亡和鱼类绝迹。

大气污染除对天气产生不良影响外,对全球气候的影响也逐渐引起人们关注。由于大气中二氧化碳浓度升高引发的温室效应不断加强,是对全球气候最主要的影响。上述影响详见图5.5.2的说明。

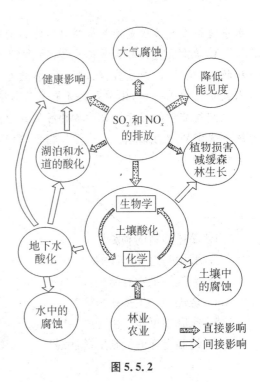

图 5.5.2

举例应用

大气污染的防治是一项综合的长期的过程。减少污染源,吸收、转化、处理有害污染物,开发新能源等措施可以降低污染程度,缓减自然环境对污染物的自净压力,比较有效的大气污染的防治措施如下:

(1)植物源净化法。有效成分萜类小分子能够同时将醛、苯、醚类有害污染物质包围、氧化、分解、清除或无害化,并增加了空气中的有效氧含量,对人体的呼吸系统功能有明显提高;也能够快速分解、氧化臭味、异味分子,杀灭致腐、致臭微生物,释放植物源清香因子,既消除了臭味源,又增加了空气清新效果。

(2)合理安排工业布局和城镇功能分区。加强对居住区内局部污染源的管理。区域集中供暖供热。

(3)加强绿化。除了能够美化环境外,还具有调节气候,阻挡、滤除和吸附灰尘,吸收大气中的有害气体等功能。

(4)控制燃煤污染。采用原煤脱硫技术,优先使用低硫燃料,改进燃煤技术,减少燃煤过程中二氧化硫、氮氧化物和烟尘的排放量。

(5)开发新能源,如太阳能、风能、核能、可燃冰等。但是技术不够成熟时使用,会造成新的污染,且消耗费用十分高。

(6)治理交通运输工具产生的废气。

(7)提倡节能减排的低碳生活。

【阅读扩展】

环境质量的评估

溶解氧。空气中的分子态氧溶解在水中称为溶解氧,通常记作DO,用每升水中氧气的毫克数表示。

水中溶解氧的多少是衡量水体自净能力的一个指标,其值越大,说明水质污染程度越轻。

化学需氧量又称化学耗氧量,简称 COD。它是利用化学氧化剂(如高锰酸钾)将水中可氧化物质(如有机物、亚硝酸盐、亚铁盐、硫化物等)氧化分解,然后根据残留的氧化剂的量计算出氧的消耗量。它与生化需氧量(BOD)一样,化学需氧量是表示水质污染度的重要指标。其值越小,说明水质污染程度越轻。

空气质量的好坏取决于各种污染物中危害最大的污染物的污染程度。空气质量级别根据国家环保局统一规定划分为五级。空气污染指数(简称 API)是目前世界上许多国家或地区评估空气环境质量状况的一种指标。

【思考与练习】

1. 简述塑料的利弊。
2. 酸雨是怎样形成的?
3. 大气污染物有哪些?
4. 烧煤会产生哪些污染?
5. 家庭中可能产生哪些污染?
6. 请制定你的低碳生活计划。

References

参考文献

[1] 张大昌,彭前程. 普通高中标准实验教科书. 北京:人民教育出版社,2004 年

[2] 彭前程,杜敏. 义务教育课程标准实验教科书. 北京:人民教育出版社,2006 年

[3] 廖伯琴,何润伟. 义务教育课程标准实验教科书. 上海:上海科学技术出版社,2002 年

[4] 人民教育出版社物理室. 物理. 北京:人民教育出版社,1998 年

[5] 胡常伟. 基础化学. 成都:四川大学出版社,2004 年

[6] 潘志权. 基础化学. 北京:化学工业出版社,2010 年

[7] 徐春祥. 普通化学. 北京:人民卫生出版社,2010 年

[8] 人民教育出版社化学室. 中等师范学校教科书. 北京:人民教育出版社,2004 年

图书在版编目(CIP)数据

幼儿教师自然科学教程(物理化学一分册)/王向东主编.—上海:复旦大学出版社,
2013.10(2020.2 重印)
ISBN 978-7-309-10085-3

Ⅰ.幼… Ⅱ.王… Ⅲ.①物理-幼儿师范学校-教材②化学-幼儿师范学校-教材
Ⅳ.N43

中国版本图书馆 CIP 数据核字(2013)第 226181 号

幼儿教师自然科学教程(物理化学一分册)
王向东 主编
责任编辑/梁 玲

复旦大学出版社有限公司出版发行
上海市国权路 579 号 邮编:200433
网址:fupnet@fudanpress.com http://www.fudanpress.com
门市零售:86-21-65642857 团体订购:86-21-65118853
外埠邮购:86-21-65109143 出版部电话:86-21-65642845
上海春秋印刷厂

开本 890×1240 1/16 印张 8.75 字数 269 千
2020 年 2 月第 1 版第 4 次印刷
印数 9 301—11 400

ISBN 978-7-309-10085-3/N·18
定价:25.00 元